RIPROGRAMMAZIONE MENTALE

2 LIBRI IN 1: TERAPIA COGNITIVO-COMPORTAMENTALE E PROGRAMMAZIONE NEURO-LINGUISTICA

Phil Anger

Sommario

CBT – TERAPIA COGNITIVO-COMPORTAMENTALE

AUMENTA L'AUTOSTIMA, COMBATTI ANSIA E DEPRESSIONE, CONTRASTA I PENSIERI NEGATIVI, GESTISCI LA RABBIA E I DISTURBI ALIMENTARI

Phil Anger

Introduzione

In questo libro vengono analizzati i diversi aspetti e i vari benefici di quella che viene oggi chiamata Terapia Cognitivo-Comportamentale o CBT (dall'inglese Cognitive-Behavioral Therapy); da appassionato del tema, ho compiuto numerosi studi in questo settore, perché sono convinto che la mente e il corpo lavorino sempre all'unisono. Sono altresì convinto che qualsiasi cosa accada intorno a noi ci influenzi, in un modo o nell'altro.

L'influenza che avvertiamo non deriva solamente dalla nostra situazione attuale, anzi; per la maggior parte affonda le radici nel subconscio, e dipende, oltre che dall'ambiente in cui viviamo, dal nostro vissuto, e da diversi altri fattori.

Normalmente, si decide di intraprendere un percorso di psicoterapia quando ci si rende conto di avere bisogno di un aiuto. Grazie ad una serie di incontri, applicando la terapia più indicata, è possibile riuscire ad alleviare molte forme di disagio, che vanno a coinvolgere diversi aspetti della vita; tra queste l'ansia, i disturbi compulsivi, la rabbia, i disordini alimentari o i problemi di coppia.

La psicoterapia, per definizione, fornisce una serie di strumenti che ci aiutano a vivere meglio. Come sappiamo bene, esistono diverse tipologie di psicoterapia, non tutte le quali sono universalmente considerate efficaci; sicuramente non tutte sono indicate per la risoluzione di qualsiasi problema. Ci sono metodologie efficaci nella risoluzione di parecchi problemi, e ci sono problemi che, per essere risolti, richiedono una strategia specifica. Generalmente un terapeuta qualificato, una volta che abbia identificato il problema che ci affligge, riesce ad assisterci in modo personalizzato, consigliando la terapia più indicata e aiutando a metterla in pratica; dobbiamo però considerare che la psicoterapia non è mai qualcosa di interamente passivo; al contrario, nella stragrande maggioranza dei casi, la risoluzione della problematica richiede da parte nostra impegno e motivazione.

Molte persone sono convinte che chi frequenta lo studio dello psicologo lo faccia nell'intento di parlare, sfogarsi, scaricare la tensione, per poi ritornare alla propria vita; purtroppo, nonostante l'opinione comune, una chiacchierata non è sufficiente. Raggiungere l'obbiettivo richiede una certa applicazione da parte nostra. In quest'ottica, il terapeuta è paragonabile al personal trainer che, in palestra, ci sostiene nel miglioramento della forma fisica. Senza applicazione da parte nostra, i suoi consigli sono totalmente inutili.

Risulta interessante notare che, all'estero, la figura dello psicoterapeuta viene percepita in modo diverso rispetto al nostro paese, anche se questa tendenza va fortunatamente modificandosi con il passare degli anni. Seguire una terapia non significa essere anormali, o addirittura pazzi. Quando si avverte una sofferenza o una difficoltà, che si tratti di rapporto di coppia o di disordini personali, è utile sfogarsi con una voce amica, certo, ma dobbiamo necessariamente renderci conto che i problemi non scompaiono con una telefonata di sfogo. In molti casi occorre l'aiuto delle persone giuste, dei giusti professionisti.

Siamo tutti esseri umani; in quanto tali, siamo caratterizzati in modo unico da pregi e difetti, da punti di forza e debolezze. Scopo di questo volume è illustrare come la terapia cognitivo-comportamentale ci possa aiutare ad essere più efficaci nel raggiungimento dei nostri obbiettivi e, quando sia questo il caso, a riprendere in mano la nostra vita.

Capitolo 1
Storia della Terapia Cognitivo-Comportamentale

La terapia cognitivo-comportamentale deve le sue origini ad Albert Ellis, uno psicoterapeuta e psicanalista americano, universalmente considerato il fondatore di questa teoria. All'inizio della divulgazione di questa metodologia, la parola "cognitivo" non era presente; questo era dovuto alla specifica formazione di Ellis, e alla sua continua ricerca nel campo della psicanalisi e in quello della disciplina del comportamentismo.

Ellis iniziò con i suoi pazienti ad applicare un tipo terapia piuttosto innovativo; prestava più attenzione e dava più importanza a tutto quello che poteva essere osservato nel "qui e ora"; non solo, riteneva centrale il ruolo del linguaggio, inteso come mezzo di percezione, riferendosi sia alla realtà esteriore che a quella percepita interiormente.

È solo verso il 1967, grazie anche all'opera dal titolo *Psicologia Cognitivista* del tedesco Ulric Neisser, che la parola cognitivo iniziò ad essere usata maggiormente in questo settore. Nella sua opera si alternavano diverse ricerche sulla funzionalità del cervello come la memoria, l'immaginazione, la percezione e il problem solving.

Il flusso di informazioni legato a questi processi è strettamente legato alla percezione sensoriale. Nell'opera di Neisser risulta centrale l'analisi dell'influenza dei sensi nei confronti della psicologia umana. Tutto quello che è postulato in questo libro ha rappresentato le basi delle teorie dei terapeuti cognitivi negli anni seguenti.

Se vogliamo identificare il primo vero cognitivista, lo ritroviamo in Aaron Beck, che formulò le sue teorie verso gli anni Sessanta, prima applicandole sui disturbi depressivi, e successivamente su quelli di natura ansiogena. A questo punto, il successo clinico della teoria cognitiva divenne evidente, grazie soprattutto agli ottimi risultati ottenuti sui suoi pazienti. La terapia da lui sviluppata prese finalmente il nome di terapia cognitivo-comportamentale perché integrava entrambi gli approcci.

A partire dagli anni Settanta e Ottanta la terapia cognitivo-comportamentale iniziò a diffondersi rapidamente in tutto il mondo; in particolare, la sua diffusione in Italia si deve principalmente a Vittorio Guidano e Giovanni Liotti che, negli anni Ottanta, fondarono a Roma la *Società Italiana di Terapia Cognitiva*, operativa anche ai nostri giorni.

Nonostante la rapida diffusione e l'incontestabile successo della terapia, non tardò a verificarsi una crisi all'interno del gruppo dei suoi sostenitori. Le aspre critiche sugli approcci della terapia ricevute da professionisti di idee diverse provocarono una scissione in due correnti principali; la prima seguiva gli insegnamenti di Ellis e Beck, l'altra adottava invece un approccio post-razionalista, che caldeggiava la fusione della terapia cognitiva allo studio delle neuroscienze. Quest'ultima corrente era definita port-razionalista proprio per evidenziarne la contrapposizione con i colleghi più tradizionalisti definiti, per l'appunto, razionalisti.

Oggi la terapia cognitivista ha subito un ulteriore evoluzione; la nuova corrente non nasce, questa volta da un movimento di rottura. Semplicemente, viene data maggiore importanza all'attenta osservazione della realtà che circonda l'individuo e all'enfasi maggiore, rispetto a quanto fatto in precedenza, sul concetto di "qui e ora" già introdotto in precedenza da Ellis; in molti conoscono questa disciplina come "Mindfulness". Jon Kabat-Zinn ne è considerato l'ideatore indiscusso.

L'idea centrale della mindfulness consiste nel porre l'accento sull'importanza del nostro corpo in quanto entità strettamente unita alla mente; a differenza di quanto sostenuto da Cartesio, la mente non è ritenuta qualcosa a sé stante rispetto al corpo; il corpo umano è particolarmente ricco di terminazioni nervose che provengono dal cervello, il che rende inscindibili le due entità.

Questa dottrina affonda le sue radici nel concetto di accettazione di sé stessi; non tenta di manipolare la nostra natura; al contrario, ci spinge verso una condizione ideale che esalta una particolare forma di saggezza: la consapevolezza, unita alla compassione verso sé stessi.

In questa variante, ispirata dalla disciplina mindfulness, la terapia cognitivo-comportamentale è stata accusata più volte di aver voltato, in un certo senso, le spalle alla ragione e ai concetti socratici, per rivolgersi verso oriente e avvicinarsi alla filosofia buddista.

Come in tutte le cose, anche nel campo psicoterapeutico l'evoluzione è inevitabile, se non giusta. Ciò che attualmente viene chiamato terapia cognitivo-comportamentale è differente da ciò che, in passato, veniva applicato da Ellis o Beck. I due psicoterapeuti loro hanno dato inizio a una corrente di pensiero che, ne tempo, è mutata, in gran parte a causa delle numerose e decisive scoperte nel campo delle neuroscienze.

Da un punto di vista funzionale, la terapia cognitivo-comportamentale aiuta le persone a comprendere meglio sé stesse; esistono al suo interno numerose strategie che differiscono tra loro a seconda della specifica natura del disturbo del paziente in esame.

La terapia racchiude al suo interno, come abbiamo detto, due approcci differenti. Il primo approccio è quello comportamentale, che pone l'accento sulle azioni compiute dalle persone in risposta alle emozioni o alle sensazioni sperimentate. In questa accezione, la terapia fornisce suggerimenti su nuove modalità di risposta a queste sollecitazioni. Inoltre, risulta decisivo l'utilizzo di metodologie di rilassamento; quando la mente è in uno stato di calma, la nostra lucidità e la nostra capacità decisionale migliorano in modo evidente.

Il secondo approccio, quello cognitivo, ci aiuta nel riuscire a riconoscere i pensieri ricorrenti dovuti alla nostra modalità di interpretazione di ciò che ci circonda. Quando questi schemi di interpretazione provocano la nascita di pensieri negativi, occorre operare una integrazione o sostituzione con pensieri che risultino più funzionali al concetto di benessere. La combinazione di questi due approcci all'interno del percorso terapeutico si è rivelata, nel tempo, uno strumento efficace per la risoluzione di una vasta gamma di disturbi e disagi.

Uno dei punti di forza della terapia cognitivo-comportamentale consiste nella risoluzione delle problematiche in tempi mediamente brevi, rispetto ad altre terapie; questo rappresenta un aspetto indubbiamente molto funzionale, dal momento che chi vi si avvicina sa di avere una concreta speranza di tornare a stare bene in un tempo ragionevole; questo fatto, già in sé, risulta molto efficace, in quanto infonde nel paziente speranza e atteggiamento positivo.

Abbiamo detto che scopo che si prefigge la terapia sta nella risoluzione definitiva determinati problemi di natura anche molto differente tra loro; disturbi diversi vengono trattati in modo specifico. Tra i più comuni annoveriamo come gli stati depressivi, gli stati ansiogeni o i disturbi di natura alimentare.

La terapia cognitivo-comportamentale non pone mai il fuoco dell'analisi sul concetto di passato; al contrario, si concentra specificamente sul tempo presente, il "qui e ora". Le risorse impiegate per risolvere una determinata situazione appartengono al presente, e su esso sono efficaci. Al contrario del caso della classica psicoterapia freudiana, incentrata sull'analisi del passato e dei ricordi, la terapia cognitivo-comportamentale non analizza ciò che è stato, e nemmeno prende in considerazione l'aspettativa di quello che possa accadere in futuro; si concentra, invece, su un presente non sempre facile da vivere, principalmente proprio a causa alla natura dei nostri pensieri e schemi concettuali, che tendono a spostare la nostra attenzione su ciò che è temporalmente distante lontano dal momento che stiamo vivendo.

Oggi assistiamo ad una rapida diffusione della pratica della mindfulness, la cui caratteristica principale è proprio la grande attenzione al momento che stiamo vivendo. Anche in questo caso ci viene fatto notare come, per la maggior parte del nostro tempo, il pensiero tenda a spostarsi nel passato, tenda a concentrarsi sui ricordi, oppure a proiettare un'immagine di noi nel futuro, facendo sì che, di fatto, per una buona parte della giornata non siamo in grado di vivere a pieno il momento presente.

Questi processi mentali fanno parte da sempre della natura umana; trovano la loro origine e spiegazione nella nostra natura evolutiva, al fatto che, millenni fa, per ragioni di sopravvivenza il cervello fosse costretto ad elaborare continue informazioni relativamente alle esperienze passate, e alle previsioni future. Oggi disponiamo di tantissime cose rispetto a quell'uomo preistorico, eppure le nostre abitudini mentali non ci possono abbandonare, generando a volte ansie e preoccupazioni con effetto negativo per il nostro benessere.

Se analizziamo il comportamento dell'uomo odierno, ci rendiamo immediatamente conto di come si viva alla perenne ricerca di un qualcosa, per poi rendersi conto, una volta raggiunto l'oggetto del desiderio, che quel senso di insoddisfazione che attribuiva erroneamente a quella mancanza, in realtà persista. Vivere in questo modo ci pone in un continuo stato di affanno, che si traduce inevitabilmente in una crescente insoddisfazione.

Jon Kabat-Zinn nel suo libro *Vivere Momento per Momento* esalta l'importanza del presente. Vivere il proprio tempo significa, in termini pratici, diventare più consapevoli della propria vita, e allo stesso tempo migliorare le relazioni con gli altri.

Le pratiche della mindfulness vengono insegnate avvalendosi della meditazione e dello yoga; questi esercizi vengono prescritti in modalità di attività formale, intesa come un appuntamento fisso in cui si pratica la disciplina, ma anche in modalità di attività informale, intesa come pratica della consapevolezza in qualsiasi momento.

Grande importanza viene data al controllo del respiro, non inteso come attività che apporti benefici di tipo fisiologico, bensì come mezzo di percezione che permetta di arrivare alla totale consapevolezza del corpo. Nonostante, durante la seduta, sia tutto normale il presentarsi di distrazioni sotto forma di pensieri o ricordi, l'atteggiamento raccomandato consiste nell'osservarle con distacco, non giudicare mai noi stessi per come ci siamo comportati e infine lasciarle andare, ritornando a concentrarsi sulla percezione di noi stessi.

Ci limitiamo a questo accenno dei principi di base della mindfulness, dal momento che non è scopo di questo libro approfondirne le tecniche meditative; ne abbiamo parlato per sottolineare l'importanza della consapevolezza di noi stessi; maggiormente diveniamo consapevoli, meglio riusciamo a gestire la vita e ad affrontare con serenità le emozioni che proviamo vivendola.

Se definiamo la mindfulness come l'arte di vivere meglio, possiamo allo stesso modo riferirci alla terapia cognitivo comportamentale come ad un potente aiuto per riuscire a focalizzarci sul nostro essere, nel momento esatto in cui arrivano le sensazioni, ed essere così in grado di comprenderle e gestirle.

Diversi studi hanno sottolineato quanto il nostro subconscio ci influenzi, e come questo avvenga soprattutto nei primi anni della nostra vita. L'educazione che ci viene impartita, insieme a tutti i "no" e i "sì" che riceviamo e alle esperienze che viviamo, vanno a dare forma ad una vasta parte di subconscio che rimane in un certo senso nascosta alla nostra vista; in molti la paragonano al proverbiale iceberg la cui punta, come tutti sappiamo, rappresenta solo una piccola parte rispetto a ciò che, invisibile, si trova sotto la superficie.

Buona parte dei nostri atteggiamenti e delle nostre convinzioni trovano origine in quella parte subconscia della nostra mente. Come vedremo, la terapia cognitivo-comportamentale toglie importanza al subconscio generato dal nostro passato, preferendo focalizzarsi sul nostro presente e su ciò siamo ora, fornendo i mezzi per sconfiggere le ombre che invadono la mente, per vivere al meglio ogni giorno grazie ad una luce ritrovata.

Capitolo 2
I Concetti Fondamentali

C ome abbiamo detto in precedenza, soprattutto nella sua fase embrionale, la terapia cognitivo-comportamentale è nata per aiutare tutte quelle persone che soffrivano di disturbi legati alla sfera depressiva, all'ansia e alle fobie; in realtà, con il passare degli anni, le strategie di applicazione si sono affinate a tal punto che oggi è possiamo affermare che questo modello di terapia è in grado di aiutare tantissimi pazienti che soffrono di diversi altri disturbi psicologici, tra cui, ad esempio, comportamenti compulsivi legati, tra le altre, alla sfera alimentare o a quella sessuale. Allo stato attuale, la terapia riesce ad essere efficace anche nel migliorare dinamiche di coppia o familiari, e addirittura a curare una serie di disturbi della personalità più gravi. Lo spettro delle possibili applicazioni è molto ampio, in effetti.

In conseguenza di questo fatto, esistono diversi modelli di approccio/applicazione della terapia cognitivo-comportamentale; in questo capitolo vedremo nel dettaglio i principali.

Modello ABC

Si tratta di uno degli esercizi base della terapia. Molte persone, quando nel corso della vita attraversano un momento di sofferenza psicologica, tendono ad instaurare un rapporto di causa/effetto tra le emozioni che provano e la situazione che vivono in quel dato momento.

Ad esempio, tendono a pensare in questo modo:

- Maria doveva chiamarmi e non l'ha fatto; di conseguenza mi sento triste
- Oggi è una brutta giornata perché non ho passato l'esame di Storia

Il più delle volte, quando dobbiamo descrivere come ci sentiamo, andiamo a legare lo stato emotivo ad un episodio che ci è successo; questo ci convince che lo stato d'animo provato ne sia una naturale conseguenza. Ma non è così, assolutamente. Se lo fosse, significherebbe che chiunque non venga chiamato dal proprio amico si debba necessariamente sentire triste. Oppure, che tutti quelli che falliscono un esame, debbano pensare che la loro giornata sarà pessima.

Dobbiamo tenere conto che tra la situazione e il nostro stato emotivo si trova un elemento importante: il pensiero.

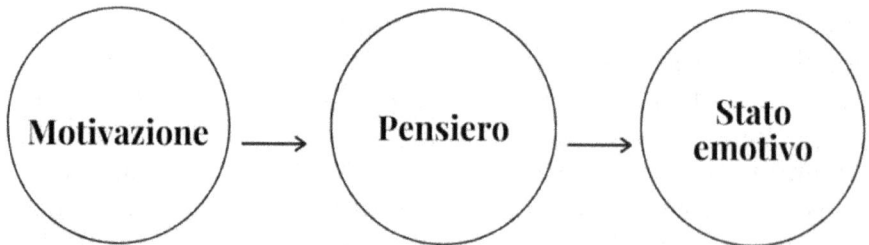

Da questo grafico, in cui abbiamo schematizzato il meccanismo, passiamo a quello successivo dove riprendiamo l'esempio dell'amica che si è dimenticata di farci una telefonata.

È la natura dei nostri pensieri che va ad influenzare le nostre emozioni; se desideriamo spezzare questa dipendenza, dobbiamo necessariamente lavorare sui nostri pensieri.

Per ritrovare una maggiore consapevolezza in merito a questi pensieri dannosi ci viene in aiuto l'esercizio dell'ABC. Questo esercizio è rappresentato essenzialmente da un grafico, composto di tre colonne; nella prima, denominata colonna A, abbiamo la situazione, ovvero il motivo che ci ha fatto stare male; dalla prima si passa direttamente alla terza colonna, denominata C, nella quale andremo ad annotare le emozioni che proviamo in relazione a quello che è successo.

La colonna al centro, denominata B, ci serve per capire la natura dei pensieri che avevamo in quel preciso momento; se riusciamo a ricostruire il pensiero che ci ha attraversato la mente in quel preciso momento, riusciamo anche a risalire al vero perché dell'emozione provata.

Questo esercizio, una volta completato nelle sue tre colonne, fornisce un quadro del meccanismo in atto dentro di noi. A questo punto risulta evidente che, se vogliamo veramente cambiare le emozioni che proviamo, e vogliamo farlo se sono emozioni negative, non dobbiamo concentrarci sulla causa illusoria riportata in prima colonna; dobbiamo invece scardinare il meccanismo di pensiero riportato nella seconda.

Cambiare l'atteggiamento mentale ci riporta al tema della maggiore consapevolezza nei confronti della realtà che viviamo; dobbiamo arrivare a riconoscere che sono i nostri meccanismi mentali a influire sulle nostre emozioni; se riusciamo a modificare questi schemi di pensiero, saremo anche in grado di riprendere il timone della nostra vita, bloccando la generazione di emozioni dannose.

Sono convinto che questo esercizio raggiunga il massimo dell'efficacia se ci costringiamo a mettere tutto per iscritto; scrivere quello che sentiamo, scrivere che meccanismo ci ha postato a quella determinata emozione, è un modo per costringerci e guardarci dentro; ritengo che questa osservazione oggettiva sia fondamentale per rendersi conto di cosa realmente accada dentro di noi e capire che, se riusciamo a svelare i meccanismi che ci governano, abbiamo davvero il potere di trasformare una situazione dolorosa in una possibile occasione favorevole.

Da questa analisi ragionata emerge come, ed esempio, dare troppo peso alle aspettative sia qualcosa di dannoso; ci possono essere mille motivi per cui una persona non ci chiama al telefono, e non è assolutamente detto che la causa siamo noi. Perdersi in un castello di preconcetti e supposizioni può portarci a ritenere fondate congetture che poi non rispecchiano necessariamente la realtà. Per questo è fondamentale cambiare il meccanismo che genera un determinato pensiero a partire da un determinato avvenimento; proviamo a trasformare un "non le interesso" in un "è stata impegnata, appena può mi chiamerà, o al massimo più tardi lo farò io". Basta un semplice paragone tra questi due pensieri per evidenziare l'enorme differenza di stato d'animo che, in base agli schemi mentali, si può generare nella nostra mente.

Reframing Cognitivo

Il reframing cognitivo, conosciuto alternativamente come ristrutturazione cognitiva, consiste in un metodo tramite il quale diventa possibile cambiare il modo in cui percepiamo ciò che ci accade.

Gregor Bateson fu il primo a introdurre questa metodologia a livello teorico, verso la metà del secolo scorso; la sua teoria si poneva come rimedio per tutta una serie di problemi che le persone attraversavano, e dai quali difficilmente riuscivano ad emergere.

Quasi trent'anni dopo, fu Paul Watzlawick ad applicare questa teoria alla pratica, in quanto grande estimatore e convinto della sua notevole efficacia.

Il reframing cognitivo permette la visualizzazione del problema che ci attanaglia da un altro punto di vista; è possibile ottenere questo risultato tramite la dissociazione, trasferendo al pensiero che ci causa problemi una interpretazione differente.

Quando andiamo a cambiare la percezione di un certo evento, inevitabilmente siamo anche in grado di modificare i pensieri generati in risposta; tutto questo alla fine produrrà un comportamento diverso.

Quando viviamo un'esperienza, ognuno di noi la percepisce in maniera differente; un dato evento, vissuto da una persona di natura positiva e ottimista, provocherà una reazione differente rispetto a ciò che accade con una persona di indole pessimista. Il metodo del reframing è utile per chi ha la tendenza a vedere invariabilmente ciò che succede come qualcosa di negativo; l'abitudine ad osservare le cose da una prospettiva alternativa, o con una differente interpretazione, costituisce un grande aiuto per combattere le sensazioni negative. Non appena riusciamo a modificare i percorsi concettuali altamente limitanti, ecco che improvvisamente i problemi appaiono meno gravi e più facilmente risolvibili.

Tra i pensieri negativi più diffusi, vale la pena di menzionare la categoria dei pensieri disfunzionali, rivolti non soltanto verso persona che li formula, ma anche e soprattutto al mondo che la circonda, particolarmente nocivi per quanto riguarda le relazioni con gli altri. Le formulazioni negative di questo tipo consistono solitamente in frasi molto brevi, nonostante la portata particolarmente incisiva. In genere esprimono emozioni specifiche come la frustrazione, la rassegnazione e il vittimismo. Alcuni esempi tipici sono le frasi come: "nessuno mi capisce", "mi sento un fallito", "sono tutti contro di me" e simili.

Attraverso il reframing è possibile eliminare la tendenza ad interpretare in maniera negativa ogni accadimento, così da smettere di tormentare continuamente il nostro animo. Questa tecnica si pone l'obbiettivo di ristrutturare questi pensieri; non è ovviamente possibile eliminare la reazione ad un avvenimento, la sensazione che ci fa provare; quello che è invece possibile è trasformare il pensiero negativo in un qualcosa di più accettabile, migliorando significativamente la qualità della nostra vita.

Il più delle volte in cui viviamo un'emozione, questa è provocata da un pensiero, che funge da tramite tra avvenimento e sensazione provata. Prendiamo in esame, ad esempio il caso di una persona che soffra di ansia.

L'ansia è un timore che riguarda un evento futuro; la nostra mente ha la tendenza a fare diverse proiezioni sul futuro, sulle possibili conseguenze di ciò che ci accade; alcune persone hanno la tendenza a pensare immancabilmente al peggio, e quando questo succede vi è la comparsa di sintomi fisici, tra cui intesa sudorazione e un aumento del battito cardiaco; in queste situazioni, diventa difficilissimo smettere di pensare con angoscia all'oggetto della paura.

L'approccio cognitivo nei riguardi dell'ansia pone l'accento sulla minaccia, sulla peggiore ipotesi che riusciamo a immaginare, confrontandola poi con la reale probabilità o possibilità che questa accada come viene immaginata.

Bisogna chiedersi di cosa abbiamo paura realmente, se si tratta di qualcosa davvero così grave, soprattutto perché siamo così convinti che lo sia. Sono domande semplici ma allo stesso tempo ci aiutano a scavare nelle profondità di ciò che temiamo; così facendo riusciamo e reinterpretare la nostra paura su una base maggiormente razionale.

Ho parlato di probabilità e la possibilità perché non si tratta del medesimo concetto; la probabilità fa riferimento alla statistica, la possibilità invece abbraccia un concetto ampio, che sfocia nell'ipotetico. La possibilità è qualcosa di più stringente; un determinato evento può risultare improbabile, ma non impossibile.

Se tramite il ragionamento arriviamo alla conclusione che la probabilità che qualcosa si verifichi è bassa, non significa assolutamente che ci possiamo dimenticare del problema; significa però che possiamo recuperare la calma e la razionalità, per riuscire a rafforzare punti di vista alternativi, che ci rendano più forti nei confronti di quello che temiamo.

Iniziamo a chiederci se ciò che ci crea problemi sia già successo nel passato, e come ai tempi lo abbiamo superato; molte volte le paure sembrano ostacoli enormi, finché non riusciamo a osservare il problema da un differente punto di vista; se ci poniamo ai piedi di una montagna la vediamo immensa; se scegliamo un punto di vista più elevato, la nostra valutazione delle sue dimensioni potrebbe cambiare.

Questo è un procedimento tipico di ogni processo di tipo cognitivo; razionalizzare le paure, ridimensionarle, analizzarle razionalmente per riuscire vedere ciò che realmente sono, liberandosi dai preconcetti e dalle proiezioni della nostra mente.

Coping

Il coping è una tecnica ampiamente usata in ambito psicologico. Tramite il coping, si effettua una attenta analisi delle strategie di adattamento che mettiamo in atto in risposta ad alcuni eventi che ci creano problemi. In effetti, quando le persone sono chiamate ad affrontare un problema, non reagiscono tutte alla stessa maniera. Ciascuno di essi si avvale di una propria strategia personale, basata spesso su eventi già vissuti, o vissuti da altri, o ancora su pensieri particolarmente confortanti.

Questa tecnica si utilizza in tutte quelle situazioni in cui, a causa del montare del disagio emotivo, ci si rende conto che si sta perdendo il proprio equilibrio psicologico. I meccanismi all'interno del coping variano notevolmente da persona a persona; come già detto, non siamo tutti uguali e non vi è una tecnica globale per affrontare una determinata situazione di disagio. A maggior ragione, una medesima persona utilizza tecniche diverse per fronteggiare situazioni diverse. Lo stile di vita odierno è particolarmente ricco di stress, e presenta una grande varietà di possibili situazioni di disagio, legate alla propria situazione personale, oppure alla realtà esterna.

Il coping rappresenta, per l'appunto, una strategia di adattamento, o meglio una categoria di strategie, il cui utilizzo e il cui conseguente effetto possono variare parecchio. Ad esempio, una delle variabili principali è rappresentata dalla tempistica; utilizziamo il coping di avere una reazione nel momento in cui accade un determinato evento, oppure ci si attiviamo prima per prepararci a fronteggiare il disagio?

Il coping viene definito reattivo quando la nostra risposta si riferisce ad un evento che è già successo; il coping diviene invece proattivo quando tendiamo ad anticipare il verificarsi di un evento.

La strategia di coping viene ottimizzata da ogni persona i base alle proprie caratteristiche e alle proprie esigenze. Dipende, da volta a volta, dal tipo di situazione, della sua gravità e della nostra personalità nonché cultura di provenienza. È innegabile che le caratteristiche personali giochino un ruolo decisivo nella scelta della strategia da adottare.

Verso gli anni Novanta del secolo scorso, le strategie di coping sono state ulteriormente catalogate in tre categorie, che elenco di seguito:

- Strategie basate sulle emozioni, dove si lavora sulla risposta individuale agli stimoli;
- Strategie focalizzate sul problema, per renderlo più vivibile;
- Strategie di evitamento, dove si cerca di evitare lo stress, aggirandolo senza eliminarlo.

L'efficacia delle strategie scelte è fortemente variabile, e dipende da una infinità di fattori. Disporre di una strategia non significa assolutamente avere in tasca la soluzione del problema; significa procurarsi uno strumento che permetta di impegnarsi attivamente per far sì che si risolva.

Le strategie di coping possono essere catalogate in modi ancora diversi: vediamone un paio.

Strategie costruttive e distruttive

Una volta di più, distinguiamo tra varie strategie in base a quella che è la nostra modalità di reazione, in base a come ci poniamo di fronte ad un problema. Facciamo l'esempio di una persona che affronta una discussione pesante con il proprio partner. Si può decidere di mettere in atto una strategia costruttiva, come utilizzare l'umorismo per alleggerire la situazione, ovvero scaricare la tensione tramite lo sport; In generale parliamo di coping costruttivo ogni volta che scegliamo di alleggerire la situazione in modo positivo, andando a rafforzare il nostro benessere sociale, emotivo a fisico, con l'intento di affrontare il problema e, possibilmente, risolverlo. Parliamo invece di coping distruttivo ogni qual volta preferiamo allontanare i sintomi, evitando di affrontare il problema vero e proprio. Meccanismi tipici di coping distruttivo sono l'assunzione di alcool, l'alimentazione compulsiva, o ancora l'adozione di una mentalità vittimistica e autolesionistica.

Strategie attive e passive

Infine, distinguiamo tra coping attivo e passivo in base alla tendenza a cercare di risolvere il problema noi stessi, piuttosto che a ad affidarci all'aiuto di altre persone. Questa definizione di strategia deriva da studi fatti su soggetti costretti convivere con una malattia; la differenza tra le due modalità risiede nel controllo; nel primo caso le persone cercano di documentarsi, frequentare gruppi di supporto, cercare terapie alternative, migliorare il più possibile la propria condizione generale; nel secondo, si affidano totalmente al medico curante, preferendo cercare conforto nella fiducia totale nei confronti delle sue capacità.

Affidarsi al coping aiuta indubbiamente a migliorare il benessere, ma è bene tenere a mente che non si tratta di un rimedio miracoloso. La varietà delle strategie e l'ampiezza del campo di utilizzo rappresentano anche il punto debole di questo approccio. Se utilizzato con frequenza, rischia di portare a reazioni confuse, poco coerenti. Inoltre, si tratta di una sorta di escamotage che difficilmente porta ad un vero e proprio beneficio o soluzione.

Le strategie di coping risultano particolarmente efficaci quando abbiamo la lucidità e la prontezza per riuscire a sfruttare quella più adatta alla situazione che stiamo vivendo, e non è qualcosa che tutti hanno. Inoltre, è bene considerare il coping come un valido aiuto, senza per questo arrivare ad affidarvisi ciecamente, smettendo di affrontare i problemi in quanto tali. Da questo punto di vista, è sicuramente preferibile adottare comportamenti di coping attivo che, pur alleggerendo la tensione, non impediscono di assumersi le proprie responsabilità. È bene non perdere l'abitudine di affrontare ciò che ci succede. Il coping non deve diventare una fuga dalla realtà, bensì uno strumento utile per superare un momento difficile e, al contempo, prepararsi per un suo possibile ripresentarsi; possiamo pianificare azioni correttive o, al contrario, scegliere di evitare una determinata situazione che abbiamo essere dannosa nei nostri confronti.

Per concludere, studi e le ricerche hanno evidenziato anche una differenza di genere, per quanto riguarda l'approccio alle strategie di coping. È risultato che le donne risentono maggiorente dei problemi scaturiti dalla sfera relazionale, mentre gli uomini soffrono in gran parte a causa di eventi legati a quella lavorativa; da questo consegue che le strategie utilizzate dalle donne spaziano soprattutto nel campo emotivo, nel tentativo di gestire al meglio i sentimenti di natura negativa. Gli uomini, al contrario, hanno la tendenza a concentrarsi maggiormente sul problema in sé, rispetto che alla sua gestione emozionale. Va detto che questi studi sul genere non hanno evidenziato vere e proprie regole fisse. Ogni persona è un universo a sé stante e il tipo di risposta a una determinata situazione di disagio è fortemente dipendente da fattori di natura culturale, sociale e fisiologica.

Biofeedback

Il biofeedback è una tecnica nata negli Stati Uniti negli anni Sessanta, con l'intento di aiutare a gestire e a capire le diverse manifestazioni fisiche del nostro corpo in risposta a determinati eventi. A qualcuno di voi sarà sicuramente capitato di avvertire una morsa allo stomaco per via della tensione, un'accelerazione del battito, oppure una sudorazione eccessiva prima di un appuntamento. Si tratta di esempi classici, che vi presento unicamente con l'intento di chiarire quale possa essere il raggio d'azione di questa tecnica.

Tutte queste manifestazioni corporee sono misurabili tramite strumenti appositi, in modo da poter simulare, durante la seduta, la reazione a determinati stimoli, ai quali tipicamente possiamo essere sottoporti durante la giornata; alcuni stimoli possono risultare più stressanti rispetto ad altri, e credo che risulti evidente a chiunque l'enorme vantaggio che deriva dall'acquisire la capacità di gestirli, e di impedire loro di prendere il sopravvento sul nostro autocontrollo.

Durante il training vengono prese in esame e monitorate determinate risposte del corpo a determinati eventi; ad esempio, desiderando focalizzarci sulla frequenza cardiaca, il battito del cuore sarà il parametro che andremo ad analizzare.

Gli strumenti di misurazione del biofeedback, il cui funzionamento non andiamo ad approfondire in questa sede, forniscono risposte acustiche o visive al paziente; il terapeuta, in sinergia, fornisce il supporto necessario per la corretta interpretazione dei feedback ottenuti durante la seduta. Esercizi di questo tipo hanno come obbiettivo quello di aumentare la consapevolezza e il riconoscimento del sintomo, in modo da innescare un comportamento adattivo che permetta al corpo di imparare a regolare il carico emotivo e, di conseguenza, di prevenire il verificarsi del sintomo.

Il punto di forza della terapia sta proprio nella possibilità di poter visualizzare su un monitor o, a seconda dei casi, ascoltare, un segnale che vada a creare nel paziente la consapevolezza nei confronti di risposte dell'organismo che sono, di norma, totalmente involontarie.

Questo metodo prevede una applicazione operativa suddivisa in varie fasi, che si sviluppano in diversi incontri nei quali occorre familiarizzare con le proprie risposte corporee, in modo da arrivare a essere in grado di identificarle con l'ausilio dei differenti strumenti. Non è un procedimento brevissimo, di certo non si conclude con una unica seduta: sarebbe irrealistico.

A seconda del problema in esame, il terapeuta può coadiuvare il lavoro di visualizzazione e presa di coscienza tramite apposite tecniche di respirazione, così da introdurre il paziente in uno stato di maggiore rilassamento, preservandone al contempo la consapevolezza. Tipicamente, ci si rivolge a questo tipo di metodologia per migliorare il proprio benessere fisico e, di riflesso, la qualità della propria vita, soprattutto nel caso in cui, in risposta a determinati stimoli, nel paziente si presentino manifestazioni fisiologiche che possano rappresentare un problema invasivo.

Non è difficile immaginare il disagio e l'imbarazzo a cui debba essere esposta una persona che, ogni volta si rechi ad un appuntamento galante, soffra di un problema di sudorazione eccessiva. Allo stesso modo, è facile rendersi conto di quanto la possibilità di risolvere o quantomeno gestire un problema del genere possa portare ad un miglioramento della sua capacità relazionale e, in generale, della sua vita sociale e affettiva.

Il biofeedback si è rivelato una tecnica efficace per la gestione dello stress, e di molti altri disturbi tra i quali cefalee ricorrenti, varie disfunzioni sessuali, dolore cronico, asma e tensione muscolare. È stato applicato con successo anche nel caso di disturbi del sonno, o per la gestione della rabbia. Credo che sia superfluo chiarire che non si tratta di qualcosa che possiamo improvvisare a casa. Non è assolutamente sensato compiere esperimenti da soli, è assolutamente necessario affidarsi ad uno specialista qualificato come, del resto, per qualsiasi altra tecnica o terapia descritta in questo manuale.

Capitolo 3
Le Tecniche Principali della Terapia

Prima di affrontare in dettaglio l'argomento delle tecniche utilizzate nella terapia vera e propria, risulta utile affrontare il concetto di distorsione cognitiva. Di che si tratta? La distorsione cognitiva non è altro che un trucco, un espediente operato dalla mente per convincersi della realtà di un qualcosa che, in effetti, reale non è.

Distorsioni Cognitive

Si tratta di un processo del tutto naturale, dal momento che l'essere umano percepisce la realtà in modo spesso oggettivo, e ne interpreta la natura in modo costantemente condizionato delle emozioni. Altresì, non si tratta di qualcosa di necessariamente negativo; al contrario, spesso le distorsioni cognitive sono semplicemente un meccanismo di difesa, una sorta di filtro che aiuta ad alleggerire lo stress e l'ansia accumulati nella giornata. Assumono invece connotazione negativa quando diventano processi invasivi, che sistematicamente generano pensieri disfunzionali, difficili da gestire e contrastare. Chiariamo il concetto di distorsione cognitiva con qualche esempio.

Avete presente quel tipo di persona che, di fronte a dieci avvenimenti nella giornata concentrano la loro attenzione sull'unica cosa spiacevole successa, dimenticando le nove positive? Si tratta di una tipica distorsione cognitiva, denominata filtraggio, o esclusione del positivo.

Un altro esempio? L'incapacità di trovare una via di mezzo tra due pensieri o concezioni agli antipodi; questa incapacità di mediazione si definisce pensiero polarizzato. Altro esempio? la generalizzazione. Il fatto che, in passato, abbiamo riportato un fallimento quando ci siamo dedicati a qualcosa, non deve per forza significare che siamo condannati a fallire se decidiamo di ritentare.

Proseguiamo. Tra i vostri conoscenti c'è qualcuno che è convinto che tutto ciò che le persone fanno sia dovuto o riferito a loro? Sono scuro di sì. Magari anche voi siete convinti che il vostro amico abbia cambiato numero di cellulare per impedire a voi di chiamarlo. Se è così, allora siete soggetti a quella che si definisce personalizzazione.

Il processo di colpa è una altra distorsione cognitiva diffusa: le persone che ne sono affette tendono ad incolpare gli altri di tutto quello che, a detta loro, non va per il verso giusto. Ci sono poi persone affette da doverizzazione; queste persone tendono a porsi un rigido codice comportamentale. Chi infrange questo codice viene disprezzato a priori. Se poi sono loro stessi a infrangerlo, si autopuniscono tramite pensieri depressivi.

Molte persone tendono a giudicare i fatti basandosi esclusivamente sulle emozioni. Ciò che fa paura, diventa automaticamente pericoloso. Alle persone che ispirano simpatia, al contrario si attribuiscono a priori tutte le belle qualità possibili. Si tratta del cosiddetto pensiero emotivo, una delle distorsioni più diffuse e, al tempo stesso, più difficili da superare. Come già detto, siamo creature emotive, è naturale che il nostro giudizio sia costantemente soggetto a influenza da parte di pensieri irrazionali.

Ci sono molte altre distorsioni cognitive; c'è chi basa la propria autostima unicamente sull'opinione altrui, c'è chi si aspetta sempre che capiti qualche catastrofe, c'è chi non riesce ad esimersi dal paragonare sé stesso a qualsiasi persona incontrata per strada. Aaron Beck ha catalogato ben diciassette tipologie, e vi rimando alla sua opera per una descrizione dettagliata.

Le distorsioni cognitive sono la risposta di molti di noi, se non tutti, alle varie situazioni stressanti e psicologicamente impegnative che si presentano ogni giorno. Le tecniche per gestire questo tipo di eventi sono molte. Vediamo nei paragrafi seguenti alcune delle principali strategie offerte dalla terapia cognitivo-comportamentale.

Problem Solving

Generalmente, con il termine problem solving si indica la capacità di risolvere i problemi grazie ad un approccio pragmatico. A livello pratico, di conseguenza, quando si parla di problem solving, ci si riferisce a tutte quelle situazioni che costituiscono un ostacolo da superare o da abbattere.

Si tratta di un'abilità ritenuta fondamentale non solo in psicoterapia, ma anche in settori totalmente differenti, tra cui management, coaching e, in generale, in tutti quei settori dove ci si prefigge l'obbiettivo della crescita personale. Poco cambia, l'approccio adottato quando utilizziamo questa tecnica è il medesimo per ogni ambito di applicazione.

Risolvere i problemi è un'arte. C'è chi è predisposto, chi meno, di certo sono pochissime le persone che, per attitudine naturale, abbiano la capacità di superare sistematicamente un problema elevandosi al di sopra di esso. Poniamoci una domanda preliminare: per quale motivo esistono i problemi? Ebbene, la loro esistenza è dovuta, in gran parte, agli obbiettivi.

Il problema si pone come un ostacolo tra noi e ciò che desideriamo; quando ce ne rendiamo conto dobbiamo necessariamente optare per un cambiamento di strategia. Non tutti sono pronti al cambiamento, non tutti hanno la capacità di pensare in modo trasversale. Persistere, ripetere il tentativo, in genere non risolve il problema, eppure è la cosa che facciamo nella maggior parte dei casi. Al contrario, occorre che ci focalizziamo sulla ricerca di un cambiamento di percorso che permetta di raggiungere quello che siamo prefissi.

Anche in ambito terapeutico, il problema deve significare l'inizio di un percorso di cambiamento; l'ostacolo rappresenta il disagio che ci limita, a cui deve necessariamente seguire una soluzione, comprensiva di tutte le tappe o passaggi che ci permettano di ristabilire l'equilibrio. È importante, peraltro, sottolineare che non necessariamente la soluzione debba portare a rimuovere la causa ha provocato il problema. Molte volte la soluzione permette di aggirare una problematica che, in sé, resta al suo posto. In questo caso è bene evitare di incappare nuovamente nello stesso ostacolo, cercando di portare novità e alternative all'interno della nostra vita.

Il processo operativo di problem solving è suddiviso in quattro fasi:

• Identificazione del problema
• Studio delle soluzioni
• Pianificazione della strategia
• Esecuzione del piano

Nella prima fase si identifica innanzitutto l'ostacolo che ci blocca; quali sono gli obbiettivi che ci siamo posti? Sono realistici? Il problema è reale, o è qualcosa di generato dalla nostra ansia, dalla nostra paura? La seconda fase, come è evidente, è incentrata sullo studio di possibili soluzioni. Dobbiamo liberare la fantasia, mettere da parte i pregiudizi e le preclusioni, affidarci, in una certa misura, alle sensazioni, all'istinto. Dobbiamo formulare diverse ipotesi, senza scartare nulla a priori. Il successo di questa fase dipende in gran parte dalla flessibilità di pensiero, dalla capacità di prendere in considerazione le alternative, anche quelle meno consuete, senza restare ancorati alle abitudini. La terza fase consiste nella preparazione di un piano strategico; è vitale riuscire a mantenere una visione critica, evitando di farsi prendere eccessivamente dall'entusiasmo: un buon piano deve essere innanzitutto realizzabile. Siamo arrivati all'ultima fase, quella decisiva, nella quale finalmente mettiamo in pratica tutto il lavoro svolto fino a quel punto. Il successo della fase finale e, in definitiva, il successo di tutto il procedimento, è strettamente determinato dal fatto di aver preparato con cura tutte le fasi precedenti, passando da una fase alla successiva solo dopo averla eseguita al meglio, senza lasciare indietro buchi e dubbi.

L'efficacia del concetto di problem solving è strettamente legata alla capacità del soggetto di ragionare e agire con lucidità. Questo stato d'animo può venire meno quando ci sentiamo pressati, o sottoposti a giudizio. Quando dico giudizio, non mi riferisco necessariamente ad una fonte esterna; se noi stessi attribuiamo alla situazione un eccessivo carico emotivo, è difficile che riusciamo a mantenere la freddezza e il distacco dei quali abbiamo bisogno. Ripetersi in continuazione "questa volta non posso permettermi di sbagliare" non aiuta. Se è vero che riuscire a giudicare imparzialmente noi stessi e i nostri difetti ci sospinge verso la crescita, è altrettanto vero che un criticismo esasperato ci porta all'autocastrazione. Il problem solving, in questo senso, deve essere visto come la capacità di trovare equilibrio tra atteggiamenti e sentimenti contrastanti che, di norma, non ci permetterebbero di proseguire.

Decision Making

Definiamo decision making una serie di processi a livello sia cognitivo che emozionale; tali processi entrano in gioco ogni qualvolta siamo portati a dover prendere una decisione tra le differenti possibilità.

Molte delle nostre decisioni sono prese in modo automatico, lungo il corso di tutta la giornata. È un processo del tutto naturale, ma presenta spesso delle irregolarità, ed è in frangenti come questi che il decision making si rivela una strategia particolarmente utile.

Durante la nostra vita, prendiamo continuamente delle decisioni, senza neanche accorgercene, il più delle volte. Naturalmente, non tutte le decisioni che prendiamo hanno la medesima portata, e di conseguenza il processo che ci porta a operare una scelta risulta avere caratteristiche notevolmente variabili da un caso all'altro.

Chiariamo con un esempio semplice: scegliere cosa mangiare per pranzo non è come scegliere la casa in cui vivere. Nel primo caso il processo è immediato e impercettibile; nel secondo caso possiamo aver bisogno di ore, giorni e, facilmente, il processo decisionale può occupare gran parte della nostra attenzione e delle nostre energie. Dietro ad ogni decisione c'è un ragionamento, certo, ma il livello di complessità non è sempre il medesimo.

Ma che differenza c'è tra i concetti di problem solving e decision making? Sono sinonimi? Assolutamente no. Il processo di problem solving consiste nel porsi come obbiettivo la risoluzione di un problema, e studiare una strategia per riuscirci. Il processo di decision making consiste nel decidere quale delle possibili soluzioni sia quella migliore. In questo senso, potremmo affermare che il decision making è, in effetti, un passaggio successivo rispetto al problem solving.

Un ulteriore aspetto da tenere presente, quando parliamo di decision making, è la grande differenza di carico emotivo rispetto alla fase di problem solving. La scelta definitiva della soluzione da adottarsi, con tutte le possibili conseguenze, è prerogativa del leader. È evidente che studiare soluzioni non comporta particolari rischi, è il momento della scelta che può portare a conseguenze nefaste e irrimediabili. Per questi motivi, la fase di decision making è spesso caratterizzata da ragionamenti in condizioni di incertezza, dove giocano un ruolo importante anche le emozioni. Ove non ci sia possibile avere la certezza di quale sarà la soluzione migliore, possiamo solo formulare ipotesi e valutare le relative probabilità secondo le quali una scelta potrebbe essere migliore di un'altra.

Il fattore del carico emotivo nei processi decisionali diventa ancora più decisivo se allarghiamo la prospettiva; ci sono decisioni che non riguardano solamente il singolo individuo; a livelli più alti le decisioni prese da una figura di riferimento possono avere influenza su un numero elevato di individui, o addirittura tutta la società; ci basti pensare alle decisioni politiche, aziendali, economiche. Per questo motivo, per la loro possibile ampia portata, le dinamiche che muovono i processi decisionali sono da sempre oggetto di studio.

Negli anni si sono sviluppate diverse teorie che riguardano l'aspetto "probabilistico" connesso alla decisione. Sono due gli approcci possibili allo studio dei modelli decisionali: l'approccio normativo e l'approccio descrittivo.

Chiamiamo approccio normativo quello che studia il meccanismo decisionale presupponendo che le persone valutino la scelta di una soluzione in modo strettamente razionale, valutandone gli effetti, la effettiva utilità di questi effetti e la probabilità che si realizzino.

A questo approccio si contrappone quello che definiamo approccio descrittivo. L'approccio descrittivo si basa sul concetto che, per l'essere umano, una scelta totalmente razionale sia qualcosa di perseguibile solo a livello teorico, non certo pratico. Questo potrebbe essere dovuto a limiti intrinseci della mente umana come anche all'effetto degli eventi esterni. Ebbene, secondo l'approccio descrittivo, quello che in apparenza può sembrare un limite, un intralcio, si rivela a volte un fattore positivo.

In letteratura, Daniel Kahneman e Amos Tversky, fondatori della dottrina denominata economia comportamentale, hanno studiato a fondo i meccanismi tramite i quali gli individui prendono decisioni in situazioni di rischio o di stress. In tutte queste situazioni emergono condizionamenti legati alla percezione personale della situazione, ma legati anche a fattori esterni tra i quali, ad esempio, il tempo; nella stragrande maggioranza dei casi, quando ci troviamo nelle condizioni di dover operare una scelta, non abbiamo a disposizione il tempo che vogliamo. In questi casi ci basiamo su altri fattori; ad esempio, il concetto di esperienza è di grande aiuto nei frangenti in cui non abbiamo la possibilità o la capacità di effettuare calcoli statistici, o semplicemente non disponiamo del tempo per poter ragionare all'infinito.

In questo senso, spesso il processo decisionale si lega a concetti euristici, che non approfondiremo qui; limitiamoci a dire che, in determinati casi, anche il concetto di istinto gioca un ruolo importante. È evidente a tutti che non sia prudente effettuare scelte decisive basandosi sull'istinto, ma l'istinto può anche essere interpretato come un meccanismo di semplificazione adottato dalla mente, nel caso in cui si renda conto che il problema, per come si presenta, risulti troppo complesso. Ed ecco che l'irrazionalità mostra i suoi vantaggi: l'istinto diventa una utilissima capacità di ridurre all'osso il numero di fattori da valutare, permettendo alle persone di affrontare scelte che, basandosi totalmente sulla razionalità, sarebbero troppo complesse o rischiose.

Secondo l'approccio descrittivo, anche il contesto sociale ha una notevole importanza. Quando una persona deve affrontare una scelta importante, non possiamo pretendere che viva isolata dal mondo; ognuno di noi è immerso nel proprio contesto. Possiamo facilmente essere sottoposti a pressioni o condizionamenti, che inevitabilmente vanno ad influenzare l'intero processo. Questo è tanto più vero quanto più una scelta possa risultare vantaggiosa rispetto ad un'altra per persone che non hanno il potere di effettuarla. Altre volte gli individui tendono a conformarsi al volere altrui senza il bisogno di alcuna pressione diretta; semplicemente assumono una strategia decisionale che non necessariamente appartiene loro, pur di non uscire dalle dinamiche del gruppo di appartenenza.

Come abbiamo già detto, il tempo ha una notevole influenza sui nostri processi decisionali. Se per esempio avessimo poco tempo a disposizione, potremmo optare per una scelta differente, rispetto al caso in cui non vi sia particolare fretta e siamo in grado di ragionare con tutta calma. Nelle situazioni più stressanti si possono verificare forme di ragionamento distorto tra cui l'evitamento del problema, o al contrario uno stato di iper-attenzione. Infine, le emozioni stesse facilmente influiscono sul processo decisionale, rappresentando, di fatto, un vero e proprio ponte che collega tra loro la persona e la situazione esterna.

Monitoraggio

In ambito di terapia cognitivo-comportamentale, il monitoraggio avviene principalmente attraverso la scrittura di un diario. Questa forma di esercizio richiede da parte nostra un ruolo attivo; è una delle attività, sorta di compiti a casa, che facilmente seguono la seduta dal terapeuta, per rafforzarne i risultati.

In molti casi, tenere un diario si rivela essere qualcosa di davvero efficace. Chiarisco subito cosa intendo qui per diario. Dimenticate la Smemoranda e simili. Non dobbiamo scrivere una cronistoria della nostra giornata: cosa abbiamo mangiato, quanto abbiamo dormito e simili. Ciò che va annotato nel diario sono le emozioni significative.

Ogni qualvolta sperimentiamo una forte risposta emotiva, che si tratti di rabbia, vergogna, ansia o simili, dobbiamo accuratamente tutte le nostre sensazioni; questo ci aiuta a fotografare qualcosa che, diversamente, tende a sparire in un attimo. Appare evidente l'utilità di essere in grado, nella seduta successiva, di fornire al terapeuta informazioni dettagliate a proposito di come ci siamo sentiti, di quale sia stata la nostra risosta emotiva nei confronti di tutta una serie di eventi.

In sostanza, ogni volta ci accada di provare una situazione di disagio, occorre annotare i seguenti dettagli: cosa sia successo esattamente, quale era il nostro stato d'animo prima che succedesse, e quale sia stato il nostro stato d'animo, dopo.

Tipicamente, alcuni schemi si ripetono. Gli attacchi d'ansia o di panico sono qualcosa di ricorrente, ad esempio; capire il perché si generano e quali sono le situazioni similari che li scatenano è d'aiuto per riuscire a controllarli.

Oltre a facilitare il lavoro del terapeuta, leggere e, di conseguenza, riflettere sui nostri scritti, è di grande beneficio per noi stessi. Questo tipo di riflessione porta ad essere più consapevoli di alcuni aspetti che tendiamo a non focalizzare, a tralasciare, a dimenticare. In altre parole, scrivere un diario delle emozioni è un ottimo strumento per conoscere sé stessi e capire quali aspetti della nostra psiche abbiano bisogno di lavoro e attenzione.

Rilassamento

Le tecniche di rilassamento da sempre aiutano a risolvere tutti quegli stati emotivi che tendono a prendere il sopravvento, come l'ansia o lo stress. Il rilassamento si pone come obbiettivo lo scioglimento della tensione per ristabilire un equilibrio psicofisico. La concezione tipicamente orientale secondo la quale corpo e mente siano un tutt'uno indivisibile, è ormai ampiamente accettata anche in occidente, grazie anche a diffusone di discipline come la mindfulness.

In ambito di rilassamento, particolare rilevo hanno avuto gli studi di Jurgen H. Schultz. Gli approfondimenti di Schultz in questo ambito hanno portato, nei primi anni Trenta, alla presentazione dell'insieme di tecniche denominate training autogeno; scopo del training autogeno è proprio arrivare, tramite opportuni esercizi che descriveremo più avanti, ad un completo rilassamento fisico e, di conseguenza, mentale. L'influenza di Schultz e dei suoi studi è stata notevole e, successivamente, qualsiasi terapia psicologica ha integrato al suo interno parte delle sue tecniche di rilassamento.

Oggi le tecniche di rilassamento sono molto utilizzate anche in ambito di terapia cognitivo-comportamentale, dal momento che il rilassamento risulta essere di grande aiuto nella riduzione di tutti quei meccanismi di attivazione che vanno a stressare mente e corpo.

In dettaglio, all'interno della terapia cognitivo-comportamentale si utilizzano due gruppi di tecniche di rilassamento: il rilassamento progressivo, e, appunto, il training autogeno.

Rilassamento progressivo

Il metodo del rilassamento progressivo è stato sviluppato da Edmund Jacobson nei primi anni del secolo scorso. Il metodo di Jacobson si basa sull'osservazione dell'influenza del pensiero e delle emozioni sullo stato di contrazione dei muscoli; credo che tutti ci siamo resi conto che quando siamo stressati, arrabbiati, spaventati, abbiamo la naturale tendenza a contrarre i muscoli delle mani, delle braccia, delle spalle. Se accettiamo che gli stati emotivi influiscano sulla tensione muscolare, perché non ipotizzare il viceversa, ossia che il rilassamento muscolare possa indurre quello mentale?

La tecnica di Jacobson prevede che la persona comprenda a fondo la differenza tra le sensazioni di tensione e di rilassamento muscolare, che le percepisca appieno, che ne abbia totale coscienza; questo effetto viene raggiunto attraverso la pratica di esercizi di contrazione volontaria e prolungata dei muscoli.

Il passo successivo, anche questo raggiunto tramite esercizi appositi, consiste nel percepire il grado di intensità della contrazione, non semplicemente la contrazione medesima. Il mio braccio è contratto, ma quanto è contratto? Secondo Jacobson, una volta che la mente sia in grado di percepire pienamente il grado di contrazione del muscolo, portando il muscolo al rilassamento si ha un benefico effetto di ritorno: il rilassamento, dal muscolo, non può che propagarsi alla mente stessa.

Questa tecnica ha portato benefici e pazienti affetti da una vasta gamma di disturbi, tra i quali:

• Tensione dovuta allo stress
• Stati di ansia e paure
• Difficoltà ad addormentarsi
• Disturbi psicosomatici

Data la maggiore complessità, dedichiamo al training autogeno il paragrafo successivo.

Training Autogeno

Training è la parola inglese che significa allenamento; in effetti, i benefici del training autogeno richiedono una certa pratica; non è qualcosa che si possa padroneggiare in un paio di sedute. La tecnica del training autogeno è sostanzialmente costituita da esercizi di rilassamento seguiti da tecniche di visualizzazione. Una volta appresi, questi esercizi possono essere svolto in ogni momento. Questo tipo di tecnica è considerato particolarmente efficace per risoluzione di stati emotivi come l'ansia, lo stress e le fobie, in quanto riesce efficacemente a infondere in noi stati emozionali di positività e rilassamento, così da riuscire a stabilizzare tutte quelle situazioni che ci causano la sofferenza o il disagio.

All'interno di un percorso completo di training autogeno, gli esercizi possono essere suddivisi tra inferiori e superiori. Il primo gruppo di esercizi appartiene al cosiddetto training autogeno somatico, o di base; durante lo svolgimento l'attenzione è diretta totalmente alle sensazioni del proprio corpo. Il secondo gruppo di esercizi fa capo a quello che si definisce training autogeno superiore; in questo secondo gruppo l'attenzione si sposta verso le rappresentazioni mentali.

In ambito di terapia cognitivo-comportamentale si fa utilizzo principalmente di tecniche di training autogeno di base, per cui ci limitiamo ad approfondire la trattazione degli esercizi del primo gruppo. Gli esercizi sono sei, i primi due sono chiamati esercizi fondamentali; i restanti, esercizi di contorno o complementari.

Praticando il training autogeno di base, di fatto facciamo esercizio di consapevolezza. Quando eseguiamo gli esercizi fondamentali, ci concentriamo su ogni singola parte del corpo, iniziando dal basso, a salire. Quando la nostra attenzione è concentrata su quella parte, ripetiamo nella nostra mente una frase, come se fosse un mantra. La durata è variabile e dipende anche dal livello di allenamento che siamo riusciti a raggiungere.

L'esercizio della pesantezza

Il primo esercizio si focalizza sul rilassamento muscolare, con l'obbiettivo di riuscire ad acquisire una consapevolezza maggiore del proprio corpo che, per gradi, arriva a essere percepito nella sua interezza.

Viene chiamato così perché, per raggiungere il rilassamento di una certa parte del corpo, ci si concentra su una sensazione di pesantezza; quando riusciamo a percepirla con chiarezza, spostiamo la nostra attenzione alla parte del corpo adiacente. Inevitabilmente, spostando l'attenzione alla pesantezza da una parte all'altra del nostro corpo, percepiremo la prima delle due come leggera, rilassata.

Durante lo svolgimento, mentre il nostro pensiero di concentra, ad esempio, sulla gamba destra, ripetiamo mentalmente: "sento la gamba destra più pesante", più e più volte, per rafforzare la consapevolezza della sensazione. Al termine dell'esercizio, la ripresa dev'essere graduale, come se ci stessimo svegliando in quel momento da un sonno ristoratore.

L'esercizio del calore

Quando rilassiamo i muscoli utilizzando l'esercizio precedente, riusciamo ad avvertire la pesantezza delle varie parti del corpo, tanto più distintamente quanto più siamo allenati. Nel momento in cui rilassiamo una parte del nostro corpo con questa tecnica, il sistema nervoso provoca un aumento della circolazione sanguigna nella zona interessata; questo processo genera una sensazione di calore, che possiamo avvertire gradualmente in tutto il corpo.

Similmente a quanto fatto nell'esercizio precedente, ripeteremo: "sento la gamba destra più calda", più e più volte. Una volta percepita la sensazione con chiarezza, ci si sposterà alla parte immediatamente adiacente. Come nel primo esercizio, al termine cercheremo di riemergere dal rilassamento molto lentamente, per far sì che le sensazioni benefiche rimangano impresse nella nostra coscienza.

L'esercizio del cuore

L'esercizio del cuore prevede la totale focalizzazione dell'attenzione sul proprio battito cardiaco. Con il dovuto esercizio, possiamo arrivare ad essere in grado di avvertire le pulsazioni in varie parti del corpo. Solitamente facciamo caso al battito cardiaco quando siamo affannati, quando abbiamo paura o quando siamo eccitati, perché in questi frangenti il cuore letteralmente martella nelle nostre orecchie; difficilmente vi prestiamo attenzione quando siamo in uno stato di calma, ed è invece precisamente questo lo scopo dell'esercizio. La frase che andremo a ripetere è questa: "il mio cuore batte calmo e regolare".

L'esercizio del respiro

In un'ottica di rilassamento, non poteva mancare l'attenzione al respiro, e l'esercizio corrispondente consiste nel prenderne coscienza, nel percepirlo e ascoltarlo. Questo esercizio trasmette un messaggio importante: ci comunica che siamo vivi, e non dobbiamo limitarci ad esistere passivamente. Durante lo svolgimento dell'esercizio non dobbiamo assolutamente cercare di modificare o forzare il modo in cui respiriamo. Non c'è un modo corretto di respirare, ciascuno respira a modo suo, è giusto seguire la modalità istintiva. Si tratta di un esercizio particolarmente significativo a livello di apporto di calma e benessere. Ripetiamo più volte: "il mio respiro è calmo e regolare".

L'esercizio del plesso solare

L'esercizio del plesso solare è funzionale per riuscire a rilassare l'addome, e al tempo stesso a portare una sensazione di benessere a tutti gli organi interni. Per chi non lo sapesse, il plesso solare è situato al centro del nostro petto, oltre le costole, immediatamente più in basso del diaframma. Una volta eseguito l'esercizio del respiro, viene naturale restare nella zona del torace e passare allo svolgimento di questo esercizio. La frase che andremo a ripetere questa volta è: "avverto il calore del plesso solare".

L'esercizio della fronte fresca

Quando una persona si lascia prendere dalle emozioni, viene spesso definita "una testa calda". Al contrario, chi ha la tendenza a non lasciarsi governare eccessivamente dalle emozioni viene definito come una persona che "ragiona a mente fredda". Questi modi di dire indicano che, istintivamente, la sensazione di fresco sulla nostra fronte sia percepita come qualcosa di benefico, di positivo. Occorre premettere che non si tratta assolutamente di un esercizio facile; al contrario, essere in grado di svolgerlo correttamente richiede un buon allenamento. Non bisogna scoraggiarsi se non si raggiunge il risultato voluto fin dalle prime sedute, è del tutto normale. L'esercizio consiste nel portare la consapevolezza sulla propria fronte, immaginando una sensazione di freschezza. Anche questa volta ripetiamo una frase nella nostra mente: "sento la mia fronte fresca".

Quando svolgiamo esercizi di training autogeno, può succedere di non riuscire a raggiungere il desiderato livello di rilassamento perché ci distraiamo frequentemente. Occorre tenere presente però che il nostro corpo riceve in ogni caso i benefici della terapia. Non bisogna avere eccessiva fretta: con la pratica riusciremo ad aumentare non solo l'attenzione ma anche la consapevolezza. Questo vale anche nel caso, piuttosto frequente, in cui avvertiamo una sorta di tensione, dovuta alla mente che, istintivamente, cerca di porre un ostacolo tra noi e lo stato di rilassamento; Ebbene, con il tempo anche questi nodi si sciolgono, l'importante è non scoraggiarsi e persistere nell'allenamento.

Se ci capita di distrarci, ed è qualcosa di assolutamente normale, non ha senso colpevolizzarci; come insegnato della dottrina mindfulness, limitiamoci a prendere coscienza della distrazione e osserviamola mentre si allontana, ritornando appena possibile a concentrarci sull'esercizio che stiamo svolgendo. In questo senso, le frasi che dobbiamo ripetere nella nostra mente sono di grandissimo aiuto.

Il training autogeno ha dato prova di essere efficace nella gestione di una vasta gamma di disturbi; inoltre aiuta a ottimizzare il recupero delle energie, soprattutto quando il tempo disponibile per il riposo non è molto. Allo stesso tempo, la pratica di questi esercizi migliora la capacità di ascolto e concentrazione, e porta immancabile serenità e benefiche sensazioni di maggiore equilibrio con sé stessi.

Coping Cards

La metodologia della coping cards risale ai fondatori della terapia cognitivo comportamentale. Beck ed Ellis, durante i loro studi, riuscirono ad evidenziare l'esistenza di alcuni pensieri automatici che immancabilmente presentavano una forte risposta emotiva. La natura di tali pensieri può essere sia positiva che negativa, e vengono generalmente associati al concetto di "voce interiore". È capitato a tutti noi, in determinati momenti, di percepire nella nostra testa una voce che dice "ce la farai!" o, al contrario "non vali niente". Credo sia evidente a tutti la portata dell'effetto che questo tipo di autoconvincimento possa avere su di noi, soprattutto nel caso dei pensieri negativi persistenti.

Diciamolo: la negatività non è mai d'aiuto, qualsiasi situazione ci apprestiamo ad affrontare; se poi prendiamo la brutta abitudine di ripetere mentalmente frasi demotivanti, beh, l'effetto può essere devastante, con il rischio di sfociare in un condizionamento vero e proprio.

Cosa sono le allora coping cards? Si tratta di affermazioni di natura positiva che aiutano a generare sentimenti di fiducia e tranquillità. Le coping cards possono rivelarsi utilissime nel momento del bisogno, quando sembra che tutto il mondo ci stia crollando addosso. Non si tratta di qualcosa di universale: le affermazioni vengono preparate e personalizzate con l'aiuto del proprio terapeuta. Il lavoro di preparazione consiste nella scelta di affermazioni adeguate alla singola persona, in modo che siano le risposte migliori a un determinato stimolo o situazione.

L'uso delle coping cards è semplice. La cosa migliore è scrivere le frasi che abbiamo preparato su un cartoncino, di dimensione adeguata ad essere contenuto con facilità nel portafogli. Ogni qualvolta ci capiti di percepire l'avvicinarsi di un pensiero negativo, dobbiamo estrarre il cartoncino e leggere più volte l'affermazione positiva che meglio si adatti alla situazione, fino a quando non avvertiamo che la negatività si allontana e viene gradualmente sostituita da una sensazione di benessere. La semplicità di questo metodo lo può far sembrare banale; vi assicuro che non lo è, moltissime persone ne hanno tratto e ne traggono grandi benefici, documentati da numerosissimi studi clinici.

Quando pensiamo a scegliere affermazioni che ci a superare momenti difficili della giornata, non dobbiamo assolutamente pensare a qualcosa di complicato. Al contrario, le affermazioni contenute nella nostra coping card devono essere essenziali: spessissimo la migliore presa di consapevolezza avviene grazie alla semplicità e all'immediatezza.

Dal momento che sulle coping cards andremo a scrivere le nostre personali affermazioni positive, utili per combattere tutti i pensieri negativi generati da situazioni potenzialmente ansiogene, è bene riversare in ciò che scriviamo tutta la nostra presa di coscienza delle varie problematiche. Non si tratta di una fuga; al contrario, è come se guardassimo dritto in faccia la sensazione che stiamo vivendo, e le dicessimo: "ti conosco, non ho timore di te e so che scomparirai perché non ti permetterò di rimanere nella mia testa".

Una ulteriore strategia per massimizzare l'effetto delle affermazioni positive consiste nell' enunciarle ad alta voce, cercando di controllare e regolarizzare la nostra respirazione; è universalmente noto come mantenere il respiro calmo e profondo produca immancabilmente un effetto tranquillizzante. L'obbiettivo è quello di allontanare tutti i pensieri disfunzionali, ristabilendo una rassicurazione emotiva specifica per la situazione che stiamo vivendo o ci apprestiamo ad affrontare.

Naturalmente, data la peculiarità di questo metodo, è basilare portare con sé le proprie coping cards sempre, in qualsiasi momento. La cosa migliore è portarle in borsa o nel portafoglio, al limite producendone più di una copia, se esiste il rischio di dimenticarle in giro. Se le conserviamo nella giacca, mettiamone una copia in ogni giacca che prevediamo di usare; le coping cards devono sempre immediatamente disponibili, dal momento che non possiamo prevedere se e quando ne possiamo avere bisogno.

Abbiamo già detto che non ha senso parlare di coping cards generiche. Ogni persona vive diversamente le medesime situazioni. Inoltre, quello che vi scriviamo potrebbe anche dipendere dall'obbiettivo che ci poniamo; alcune persone utilizzano e coping card per superare al meglio i momenti di ansia, ma altre potrebbero avvalersene, ad esempio, per smettere di fumare. Utilizzare affermazioni generiche e preconfezionate difficilmente porta un beneficio, evitiamo di perdere tempo.

Come prepariamo la nostra coping card? Non esiste una guida, non esistono regole ferree, quello che posso dirvi è che, nella maggior parte dei casi, può risultare utile seguire alcuni di questi accorgimenti:

- Le affermazioni devono appartenerci totalmente, dobbiamo sentirle nostre
- Devono essere specifiche per determinate situazioni; generalizzare non aiuta
- Devono essere realistiche, ingannare sé stessi non porta a niente. Piuttosto che scrivere "il problema non esiste", provate con: "non durerà per sempre"
- Devono essere concise; ricordate che le affermazioni brevi sono quelle più potenti

Le coping cards vanno utilizzate ogni volta che ne avvertiamo l'esigenza, avendo cura di ripetere il messaggio più volte, e se possibile anche a voce alta.

Nonostante abbia appena spiegato come le affermazioni generalizzate siano totalmente inutili, credo sia utile e interessante proporre qualche esempio. Vediamo per cominciare qualche tipica affermazione che potrebbe aiutare persone tendenzialmente ansiose. L'ansia produce delle sensazioni spiacevoli che vanno ad influire su diversi aspetti della vita. Chi ne è affetto in modo grave tende a bloccarsi perché vive con un pensiero fisso, che lo assilla e provoca proiezioni mentali di situazioni che sembrano reali, ma in realtà non lo sono. Di seguito qualche esempio:

- Posso affrontare questa situazione
- È una situazione che non mi piace ma sono in grado di gestirla
- È utile che mi focalizzi su un pensiero diverso
- Se penso una cosa non significa che quel pensiero sia reale
- Ho affrontato questa situazione altre volte e non ho avuto problemi
- La forza è dentro di me, la devo semplicemente riconoscere

Vediamo invece qualche esempio di affermazione utile per combattere le fobie, dai quali prendere spunto per crearne delle vostre, se ne avete bisogno:

- Non devo temere un pericolo che non esiste
- Controlla il respiro e ritrova la calma
- Si tratta unicamente di sensazioni, non mi faranno alcun male

E nel caso di attacchi di panico? Vediamo qualche esempio:

- Devo lasciare fluire le sensazioni respirando profondamente
- Ho già affrontato questa situazione, possiedo la forza per superarla
- Non mi succederà niente, devo solo restare calmo
- Non durerà per sempre, passerà e sarò più forte

C'è un altro sentimento in grado di influire sulla nostra vita in maniera significativamente negativa, se non viene gestito bene; si tratta del dolore. Un abbandono, un lutto, sono eventi che, se non gestiti opportunamente, gravano sulla psiche di molte persone anche per il resto della loro vita. Attraverso opportuni studi, si è verificato come il superamento di questo tipo di trauma sia un campo di applicazione tra i più favorevoli, per quanto riguarda la strategia delle coping cards.

Di seguito alcuni esempi di affermazioni utili:

- Fa male, ma io posso superarlo

- Si impara a camminare un passo alla volta; così supererò il dolore
- Devo concentrarmi su qualcosa di bello per poter affrontare cose spiacevoli
- Devo rialzarmi e non devo chiudermi emotivamente
- Tutto scorre nella vita, e così farà anche il dolore

Per chiudere, citiamo un altro tipico campo di applicazione delle coping card: la gestione della rabbia. In questo periodo storico, moltissime persone sono soggette a stress continuativo, lungo tutta o gran parte della giornata. Anche se molti subiscono lo stress passivamente, ritorcendo contro sé stessi gli effetti negativi, altri tendono a scaricare le tensioni esteriormente; il che spesso dà luogo ad attacchi di rabbia incontrollata. Quali sono le affermazioni che possono essere d'aiuto in questi frangenti? Vediamone alcune:

- La rabbia non può prendere il controllo su di me
- Devo valutare la situazione da un altro punto di vista
- Sono responsabile delle mie azioni ma non di quelle altrui
- Io non sono il contenitore della rabbia altrui
- Devo controllare il respiro fino a quando non sento defluire la rabbia
- Se mi arrabbio rischio di non vedere la soluzione
- Non vale la pena di arrabbiarsi, nemmeno per un'ora
- Se qualcuno ha dei problemi, quel problema non sono certo io
- Se cambio i miei pensieri, cambia anche il mio mondo
- Pensare positivo mi aiuta nella mia evoluzione personale

Lo ripeto: sembra una sciocchezza, ma le affermazioni scritte sulla vostra coping card sono strumenti potentissimi. È sufficiente la ripetizione di una di queste brevi frasi per cambiare la prospettiva con cui percepiamo o viviamo una determinata situazione. Quando siamo in difficoltà, focalizzarsi sulla negatività non aiuta in nessun caso, anzi, rende tutto due volte più difficile.

La sostituzione dei pensieri disfunzionali con le affermazioni positive non manca mai di portare sollievo; questo però a patto che, ma questo vale per qualsiasi terapia, siamo disposti a credere in ciò che facciamo e lo vogliamo fare davvero.

Role Playing

Il role playing è a tutti gli effetti una sorta gioco di ruolo; può essere svolto in gruppo o individualmente. Lo svolgimento in gruppo, in realtà si dimostra più efficace, in quanto supportato da un gioco di interazioni.

Quando applichiamo il metodo del role playing ci viene chiesto di assumere un dato ruolo, sulla base di indicazioni specifiche, un po' come se fossimo degli attori. So che molti di voi stanno pensando che tutto questo assomigli un po' ad una farsa o che, nel migliore dei casi, riporti ai giochi che facevamo ai tempi dell'infanzia; in realtà, l'applicazione di questa tecnica ha un valore anche da adulti, in quanto favorisce l'adozione di un diverso punto di vista quando si analizzano determinate situazioni.

La storia di questa tecnica affonda le radici all'interno del concetto di psicodramma, sviluppato dallo psichiatra J.L. Moreno in America negli anni Trenta. Moreno evidenziava l'importanza terapeutica di rivivere su un palcoscenico una determinata situazione accaduta nel passato, soprattutto vivendo ruoli differenti dal nostro.

Quando pratichiamo il role playing, di fatto, ci affidiamo all'improvvisazione, se pure all'interno dei vincoli che ci sono stati forniti in fase di definizione del personaggio. Durante questa improvvisazione emergono i nostri personali stati d'animo, ed è possibile un confronto attivo con gli altri partecipanti. Rivivere in un contesto protetto quanto si è vissuto è si dimostra in molti casi estremamente utile per superare e metabolizzare determinate situazioni che ci hanno traumatizzato, in un'ottica che prevede una maggiore consapevolezza del proprio sé e, di conseguenza, la capacità di attuare un cambiamento su base razionale.

Quando si interpreta il ruolo di un'altra persona all'interno di un accadimento che ci riguarda, si ha l'opportunità di vivere la medesima situazione da un altro punto di vista, mettendosi nei panni di un ipotetico spettatore. Possiamo rivivere da una diversa prospettiva situazioni che ci hanno lasciato sentimenti quali rabbia, sofferenza, e magari scoprire che, viste dall'esterno, non sono così drammatiche come le ricordavamo.

Un caso tipico di applicazione dl role playing? Le persone che vivono momenti di difficoltà all'interno del rapporto di coppia. In casi come questo, questa tecnica viene utilizzata facendo sì che il partner si metta nei panni dell'altro; quando si rimane ancorati al proprio punto di vista le situazioni difficilmente si sciolgono, se non pretendendo che il partner si pieghi ad accettare tutto quello che vogliamo, pretesa quanto mai irragionevole. Ecco che in questo senso risulta estremamente efficace vedere la situazione dal punto di vista dell'altro. Il cambiamento di prospettiva aiuta a capire i sentimenti del proprio partner, ma non solo; risulta estremamente utile anche per valutare quale sia il giusto compromesso tra le parti, evitando il rischio di prevaricazione o manipolazione. Il role playing fornisce in questa e in molteplici altre situazioni più o meno complesse un utile supporto; in virtù della sua comprovata notevole forza terapeutica.

Come qualsiasi altra terapia o tecnica, il role playing richiede un certo impegno. Non è sempre facile e scontato riuscire ad immedesimarsi in un'altra persona, o guardare a sé stessi con distacco. Inoltre, non è assolutamente detto che già dalla prima seduta si possano ottenere risultati significativi. È una tecnica che richiede esercizio, si rischia di scoraggiarsi e perdere fiducia nella sua efficacia. È molto importante allontanare queste sensazioni negative dalla propria mente, e in questo senso risulta decisivo l'auto di un terapeuta qualificato, che sarà in grado di guidare il paziente e proporgli la modalità di approccio più indicata per la specifica situazione.

Ristrutturazione Cognitiva

Come molte altre tecniche associate al concetto più generale di terapia cognitivo-comportamentale, anche la ristrutturazione cognitiva è stata ideata e sviluppata da Aaron Beck e Albert Ellis, padri di questa disciplina, pur con approccio leggermente differente.

Abbiamo già parlato della ristrutturazione cognitiva in senso teorico all'inizio del libro; abbiamo visto come Il principio su cui si basa stia nella personale interpretazione che diamo alle emozioni; qual è il range di significato attribuiamo loro? Vediamo qui un caso di applicazione pratica. Poniamo di trovarci in fila alle casse supermercato. A nessuno piace aspettare, ma seconda del nostro stato emotivo potremmo avere delle diverse percezioni della nostra impazienza che ci porterebbero a pensare, ad esempio:

- "Perché non aprono un'altra cassa? Questi non hanno di lavorare!"
  Questo pensiero è generato da emozioni governate dalla rabbia.
- "Con tutta la gente che ho davanti farò sicuramente tardi!"
  Questo pensiero è generato da emozioni che sottintendono paura, ansia o preoccupazione.
- "Invece di andare fuori a cena mi ritrovo a fare la spesa!"
  Questa affermazione è dovuta a tristezza e insoddisfazione per il desiderio non realizzato.

Le emozioni, i pensieri e i comportamenti si influenzano reciprocamente. Riuscire a lavorare su uno di questi fattori significa avere la possibilità di modificare anche gli altri di conseguenza, cambiando la nostra percezione delle emozioni provocate da un avvenimento sgradito. All'atto pratico, se voglio risolvere una situazione, risulta estremamente utile capire innanzitutto quale sia la mia percezione di questa situazione, quali sono i miei pensieri e cosa questi pensieri comportino a livello percettivo.

Identificare i nostri pensieri in risposta ad una determinata situazione non è sempre qualcosa di banale. Ci sono pensieri automatici ricorrenti, e sono quelli più radicati in noi, quelli che hanno messo radici profonde, in quanto ulteriormente rafforzati grazie al contesto sociale o culturale in cui viviamo. Diamo così per scontati questi pensieri che, quando capita di formularli, il più delle volte neanche ce ne accorgiamo.

Può aiutare, in questo frangente, conoscere alcune caratteristiche di base di questa tipologia di pensieri.

- Possono essere positivi o negativi; naturalmente sono i secondi a causare disagio e sofferenza
- Spesso non hanno una natura consapevole
- Alcuni di essi presentano radici profonde radicate nel subconscio
- Alcuni eventi della vita li possono rafforzare, soprattutto le esperienze con forte impatto emotivo
- Solitamente sono generalizzanti e poco specifici

La ristrutturazione cognitiva ha l'obbiettivo di cercare interpretazioni alternative alla realtà in cui viviamo; questo obbiettivo viene raggiunto attraverso un ragionamento nazionale che invita a trovare una soluzione maggiormente funzionale al nostro benessere. Le tecniche e le strategie utilizzate hanno il preciso scopo di andare a intaccare pensieri automatici, credenze e altri schemi mentali. Una volta identificati e messi in discussione tutti questi processi mentali preesistenti, si ha la possibilità di modificare di conseguenza comportamenti e pensieri il tutto in ottica di maggiore benessere psicofisico o, eventualmente, di potenziamento di qualche nostra capacità.

Esaminiamo più in dettaglio quali siano i passaggi o fasi che conducano verso la ristrutturazione cognitiva; data la loro importanza estrema, ci concentriamo sul concetto di pensiero automatico negativo.

Abbiamo già detto che identificare un pensiero automatico non sia sempre semplice. Sono talmente radicati in noi che può risultare molto difficile riuscire a riconoscerli nell'esatto momento in cui si presentano, o anche ricordarseli in seguito. A tal proposito, scriverli su una sorta di diario si rivela spesso la scelta migliore.

Nel diario si annota la situazione vissuta, l'emozione provata e il pensiero che ci è passato per la testa. È essenziale l'obbiettività, mentire a sé stessi non è mai utile; inoltre, non dobbiamo dimenticare di annotare quale sia stata la nostra risposta a quanto accaduto, ossia il nostro comportamento.

Il secondo passaggio consiste nel mettere in discussione i pensieri negativi. Per avere successo in questo passaggio occorre analizzare la natura di questi pensieri; provengono da una oggettiva valutazione negativa della situazione? Derivano, al contrario, da una serie di pregiudizi o credenze culturali? Dobbiamo analizzare Il pensiero secondo una logica razionale e annotare tutto sul diario. In questa fase è essenziale riportare fatti concreti, e non ipotesi; è necessario essere obbiettivi e razionali.

Proviamo a ipotizzare, come esempio pratico, che una certa situazione ci abbia provocato sensazioni di ansia; dobbiamo porci una serie di domande, con il preciso intento di ricavare fatti concreti a sostegno della nostra analisi.

- Cosa hai pensato?
- Cosa è successo l'ultima volta che hai provato questa sensazione?
- Come hai risolto?
- Dove ti trovavi?
- Come ti sentivi dopo?
- Qualcuno ha provocato questa tua reazione?

Stilare un elenco di fatti concreti, di circostanze comprovate, può essere di grande aiuto nel capire se il pensiero negativo che provoca l'ansia abbia natura razionale o meno. Questo vuole, intenzionalmente, essere un esempio molto semplice. I casi reali possono essere infinitamente più complessi; fortunatamente il terapeuta dispone di ben altri strumenti coadiuvanti, tra i quali esempio l'analisi delle conseguenze delle nostre reazioni, l'identificazione delle distorsioni cognitive, il dialogo, eccetera.

Il terzo passaggio della procedura consiste in un esperimento controllato, condotto sotto il controllo e dietro il suggerimento del terapeuta. In riferimento all'esempio citato in precedenza, si può provocare artificialmente una specifica situazione che sappiamo provocarci ansia, facendocela osservare da un altro punto di vista, esterno.

L'esperimento ha lo scopo di dimostrare a noi stessi che il timore non è reale, che quello che avevamo ipotizzato non accade, e finalmente grazie alla logica e a tutti i passaggi precedenti si giunge alla quarta e ultima fase, nella quale riusciamo a produrre pensieri alternativi.

Quali sono le caratteristiche necessarie di un pensiero alternativo efficace?

- Razionalità data da circostanze oggettive
- La sintesi è preferibile rispetto ad un pensiero articolato
- Deve risultare convincente per noi. Almeno in buona percentuale

Tutti i passaggi di questo approccio non devono in alcun modo forzati. Ogni passo in avanti deve essere frutto di ragionamento razionale; dobbiamo essere convinti delle conclusioni a cui giungiamo. Non dobbiamo lasciarci convincere da non si sa quale entità superiore, al contrario dobbiamo essere noi stessi a trarre conclusioni logiche, indipendentemente dalla fase della terapia che stiamo attraversando.

Permettetemi di sottolineare che, una volta di più, come tutte le altre tecniche esposte in questo manuale, anche la ristrutturazione cognitiva necessita di applicazione, se vogliamo vedere risultati. Detto questo, mettere in discussione i nostri pensieri automatici aiuta ad avere un approccio diverso e più flessibile in qualsiasi situazione veniamo coinvolti. Occorre inoltre tenere presente che la ristrutturazione cognitiva è una tecnica molto articolata; in questo capitolo ne abbiamo presentato solamente i concetti fondamentali; infine, è importante comprendere che il suo uso può essere integrato con altre metodologie, con l'intento di amplificarne l'efficacia, anche in dipendenza dell'entità e della gravità del problema.

Capitolo 4
Le Sedute e le Varie Fasi della Terapia

Non possiamo descrivere in modo univoco e generale il lavoro che viene svolto in ogni seduta di terapia cognitivo-comportamentale. Non ci sono due sedute una uguale all'altra, la metodologia si adatta, in funzione di una serie di variabili che riguardano, tra le altre, la natura del problema, la personalità del paziente e la sua storia personale; non dimentichiamo infine un fattore decisivo: il personale approccio del terapeuta.

È del tutto naturale che, all'interno della terapia, lo psicologo si focalizzi su determinati aspetti piuttosto che altri; non tutti i problemi si possono affrontare con la medesima strategia, e problemi più recenti devono essere gestiti in modo diverso rispetto a problemi maggiormente radicati nel passato. Può capitare, ad esempio, che trattando un paziente che soffre di depressione, il terapeuta si focalizzi su aspetti che, almeno apparentemente, non appaiono strettamente inerenti al problema; questo ovviamente non accade perché non coglia affrontarlo; al contrario, ha deciso di seguire una diversa strategia operativa, per ottimizzare l'efficacia della terapia.

In ogni caso, in usa seduta di terapia cognitivo-comportamentale si cercherà sempre di affrontare il disagio attraverso le cinque dimensioni, che sono: la situazione, i pensieri, le emozioni, le sensazioni fisiche e il comportamento.

Ma come avviene una seduta, nella pratica? In generale si inizia con una fase di valutazione, che può riguardare i compiti assegnati in precedenza dal terapeuta, e la terapia in quanto tale; riallacciandosi alla propria problematica, il paziente riporta eventuali nuovi episodi meritevoli di attenzione, ponendo particolare attenzione sulle emozioni provate al momento e su quelle provate rivivendo il ricordo.

Come abbiamo visto in precedenza è possibile tenere un diario di ciò che ci succede, così da poterne parlare avvalendosi di una maggiore quantità di dettagli. È proprio il diario lo strumento fondamentale che aiuta il paziente a descrivere le sue esperienze tramite le cinque dimensioni qui sopra elencate.

Particolare attenzione viene posta sulle emozioni e i pensieri; abbiamo visto in precedenza, parlando di ristrutturazione cognitiva, quanto questi dati possano essere utili al paziente che cerca di modificare in maniera graduale il proprio comportamento, cercando di lasciare dietro di sé tutti i pensieri disfunzionali che lo affliggono.

Successivamente, si passa all'applicazione pratica della terapia vera e propria. Il lavoro svolto durante la seduta in realtà dipende dalla fase in cui ci si trova.

La terapia cognitivo-comportamentale prevede generalmente un incontro settimanale, anche se questa non è una regola assoluta; come abbiamo detto e ripetuto, le variabili sono tante, e non esistono due situazioni una uguale all'altra. In fase avanzata, quando la terapia ormai si avvicina al raggiungimento egli obbiettivi prefissati, gli incontri si possono diradare nel tempo, assumendo una frequenza di una o due volte al mese. A seconda del bisogno le sedute possono avere anche una natura intermittente.

Ma quanto dura la terapia? La durata varia, nuovamente, in base alla gravità dei sintomi trattati, all'umore e alla facilità di approccio del paziente, al grado di influenza dei sintomi sulla sua vita, alle aspettative che la persona in cura nutre, e alla eventuale presenza congiunta di altri disturbi che possono influire in misura variabile sul problema trattato.

Generalmente, rispetto ad altre terapie, le tempistiche non sono particolarmente lunghe; al contrario, in parecchi casi, per le problematiche più lievi, una decina di sedute sono sufficienti. Casi maggiormente complessi richiedono un numero maggiore di sedute, ma generalmente non si parla mai di durata di anni, come avviene invece in altre forme di terapia.

Secondo lo psicologo americano Kenneth I. Howard, qualsiasi tipo di psicoterapia cognitiva può essere suddivisa in tre fasi; la prima fase è focalizzata sul ridimensionamento del problema, così da infondere nel paziente maggiore fiducia e sicurezza. La seconda fase consiste nella cura dei sintomi con differenti tecniche, e in ambito CBT ne abbiamo esposte parecchie nei precedenti capitoli. L'ultima fase infine, è una fase di ristrutturazione, nella quale il paziente impara a cambiare atteggiamento nei confronti del problema, di fatto risolvendolo.

Una volta imparate le tecniche, il paziente ha la possibilità di diventare, in un certo senso, il terapeuta di sé stesso, dal momento che la stragrande maggioranza degli esercizi può tranquillamente essere praticata in modo autonomo. Questa possibilità è davvero unica, ed una delle caratteristiche maggiormente rilevanti della terapia cognitivo-comportamentale. Non date questa cosa per scontata, perché non lo è; attraverso l'educazione di sé stessi, che avviene anche al di fuori dai confini dello studio, il paziente è in grado di proseguire nel cammino di miglioramento che in breve tempo, lo rende in grado di ridimensionare e affrontare ostacoli che, all'inizio della terapia, sembravano insormontabili.

Capitolo 5
Combattere l'Ansia

Torniamo a parlare di ansia. Ritengo opportuno un ulteriore approfondimento, dato l'attuale grado di diffusione di questo disturbo tra persone di ogni cultura e livello sociale.

Ogni persona prova un'infinità di emozioni fin dalla nascita, e per un motivo ben preciso. Le emozioni hanno una funzione assolutamente centrale nella vita di ciascuno, dal momento che, dall'età della pietra fino al presente, hanno salvaguardato e continuano a salvaguardare la sopravvivenza dell'individuo. Tra le emozioni troviamo la gioia, la sorpresa, il disgusto, la paura; tutte sono utili e funzionali alla conservazione della specie. La paura, in particolare, è un'emozione fondamentale, assolutamente necessaria alla vita. Come mai? Supponiamo di trovarci in una situazione nella quale non abbiamo tutti gli elementi necessari per capire cosa stia succedendo, o cosa possa succedere in seguito; in casi come questo, la paura ci permette di entrare in stato di allerta, aumentando il grado di attenzione nei confronti di tutto quello che ci circonda. Se viviamo una situazione come quella menzionata sopra, la paura risulta molto vantaggiosa, in quanto stimolo che tende a preservarci la vita. E questa la nostra organizzazione mentale; siamo perennemente protesi all'identificazione del pericolo per proteggere la nostra esistenza, e lo facciamo tramite la paura.

Ora, dimentichiamo il concetto di sopravvivenza, e spostiamoci in un contesto quotidiano: noteremo che le persone imparano ad utilizzare il meccanismo della paura in tantissime situazioni che non hanno nulla a che vedere con la sopravvivenza fisica; si ha paura del giudizio degli altri, si ha paura di perdere il lavoro, si ha paura di idee diverse dalle nostre; tutte queste situazioni non presentano alcun tipo di pericolo fisico immediato legato alla nostra sopravvivenza, eppure abbiamo paura. Abbiamo esteso questo tipo di meccanismo di difesa e tutto ciò che può nuocerci, anche in senso morale o figurato.

L'emozione che provoca le sensazioni più simili a quelle caratteristiche della paura si chiama ansia; tra le due c'è una differenza fondamentale: la paura la proviamo tutti, è nel DNA umano; l'ansia, al contrario, impariamo a provarla.

Cosa significa essere ansiosi? Capita spesso di trovarsi in situazioni nelle quali, pur non trovandoci in pericolo fisico, siamo costretti a fronteggiare un evento che percepiamo come un ostacolo al nostro benessere psicologico. Può capitare che, di fronte a questo ostacolo, ci si senta inadeguati e incapaci, soprattutto se altre persone che conosciamo sono in grado di affrontarlo senza problemi. In questo tipo di situazioni, l'ansia distorce la nostra percezione, rendendo l'evento che dobbiamo affrontare qualcosa di catastrofico e totalizzante. In alcuni di questi casi, l'ansia può essere generata da un trauma vissuto nel passato; quando questo capita, la minaccia che percepiamo non è nemmeno reale. Abbiamo paura di qualcosa che potrebbe succedere, non di qualcosa che sta succedendo.

Spesso, le persone ansiose si sentono in colpa a causa di quello che provano. In realtà, l'ansia è un'emozione normale, di per sé. Provare ansia quando dobbiamo affrontare un momento difficile è del tutto naturale, sarebbe preoccupante il contrario. L'ansia diventa un problema quando distorce la percezione di sé stessi e del mondo. In questi casi, lo stato ansioso diventa quotidiano e va ad influire negativamente su diversi aspetti della nostra vita. Se la situazione è questa, siamo usciti da un contesto di normalità, e siamo entrati in ciò che classifichiamo come disturbo d'ansia.

Quale terapia risulta maggiormente indicata per la gestione dell'ansia? La scelta del trattamento dipende generalmente dall'intensità dei sintomi. La terapia cognitivo-comportamentale, in realtà, si è rivelata valida nella gestione di tutti quei disturbi che sono figli degli stati ansiosi.

Come prima cosa, cerchiamo di analizzare il concetto di ansia dallo specifico punto di vista della CBT. Definiamo allora ansia una serie di risposte cognitive e comportamentali che nascono nel momento in cui viene percepito un determinato stimolo e ci si sente inadeguati nell'affrontarlo.

Abbiamo già visto come l'ansia sia un prodotto della paura, emozione che ci appartiene da un punto di vista evolutivo; la paura, anzi, che ha permesso l'evoluzione della nostra specie, risultando vitale nella percezione del pericolo e, di conseguenza, nello sviluppo della capacità di reagire e proteggere la propria incolumità.

Quali sono i più frequenti sintomi cognitivi caratteristici degli stati ansiosi?

• Senso di incompletezza
• Sensazione di pericolo in continuo aumento
• Negatività su tutti i fronti
• Proiezioni mentali di immagini o sensazioni catastrofiche

A livello comportamentale, l'ansia ci spinge a cercare possibili spiegazioni del nostro stato nell'ambiente che ci circonda, e ci suggerisce di considerare possibili scappatoie. In effetti, la prima e più diffusa strategia messa in atto dalle persone ansiose è proprio quella della fuga.

Se, per un motivo qualsiasi, la fuga si rivelasse una strategia inattuabile, allora cercheremmo appoggio negli altri. Poniamo di avere appuntamento dal medico per una visita che ci preoccupa. Potendo, eviteremmo del tutto questo evento, ma siamo razionali e sappiamo che è necessario per la preservazione della nostra salute. Allora, molto probabilmente cercheremo di farci accompagnare da qualcuno. La ricerca di una presenza amica è un comportamento diffusissimo tra le persone che vivono situazioni ansiogene.

L'ansia non è solo un disagio mentale; a contrario, viene percepita anche a livello fisico. Quali sono i sintomi più diffusi?

• Aumento della sudorazione
• Aumento del battito cardiaco

- Capogiro improvviso
- Debolezza
- Sensazione di nausea

Certo, l'ansia è qualcosa che, normalmente ci aiuta a concentrare le nostre risorse e le nostre energie verso un evento che potrebbe rivelarsi cruciale per noi, ma quando l'ansia diventa patologia e si rivolge a situazioni irreali o comunque percepite in modo distorto, i sintomi fisici ad essa collegati diventano un grosso impedimento, a facilmente creano numerose difficoltà nella vita quotidiana di chi ne soffre.

La terapia cognitivo-comportamentale si dimostra efficace perché mira a eliminare alla radice le cause di tutte le paure che ci opprimono irrazionalmente, finendo per togliere serenità alla nostra vita. Per riportare la tranquillità all'interno della quotidianità delle persone ansiose, la terapia interviene fornendo al paziente nuove modalità di interpretazione dei propri pensieri. Anche le tecniche di esposizione sono d'aiuto, a patto che la tecnica venga eseguita sotto il controllo di un professionista, in grado di esporre il paziente in modo graduale e oculato alla situazione temuta, permettendogli, di fatto, di vederla da una prospettiva differente.

Praticando la tecnica dell'esposizione si cerca, tra le altre cose, di eliminare tutti quei comportamenti automatici di controllo legati alla ricerca della via di fuga, come per esempio evitare di recarsi in un luogo se crea ansia, o cambiare lato della strada se vediamo una persona della quale temiamo il giudizio. Queste forme di controllo dovrebbero rappresentare, per le persone che ne fanno uso frequente, una sorta campanello d'allarme; se abbiamo la tendenza a fuggire, a nasconderci, a chiuderci in casa, beh, è evidente che c'è qualcosa che non va, è arrivato il momento di chiedere aiuto. È preciso scopo della ristrutturazione cognitiva identificare con precisione quali siano i pensieri che scatenano la fuga, analizzarli, e capirne l'origine in modo da riuscire a modificarli e, conseguentemente, guarire il sintomo che provocano.

Il processo di cambiamento inizia con una presa di coscienza, con l'ammissione delle proprie paure e dei comportamenti di fuga che ne conseguono; successivamente, si passa ad una fase di esposizione ragionata della situazione che genera ansia, per implementare, finalmente, nuovi comportamenti che siano di reale aiuto nel superamento della situazione temuta.

Quali sono le più diffuse forme di ansia?

Attacco di panico

L'attacco di panico, o disturbo di panico nel caso in cui le crisi siano ricorrenti e la paura della crisi diventi essa stessa motivo di ansia, è una delle forme più gravi di sintomo legato a situazioni di ansia. Oltre alla totale perdita di razionalità, chi ne soffre prova sensazioni terribili, che vanno dalla perdita di senso di realtà alla paura di morire. Anche i sintomi fisici si acutizzano, rispetto a forme di ansia più lievi. Di fatto, ci si sente inermi, indifesi, impossibilitati a reagire, finché l'attacco non passa, portando via con sé tutto questo.

L'attacco di panico generalmente viene trattato farmacologicamente, ma è una delle situazioni nelle quali la tecnica di esposizione, della quale abbiamo parlato sopra, risulta di maggiore aiuto. Il paziente, affrontando in modo graduale e assistito la situazione che genera il panico, riesce poco alla volta a ridimensionarla, finché il meccanismo di assuefazione la rende un qualcosa di innocuo, di trascurabile.

Ansia sociale

Il disturbo di ansia sociale è una condizione di disagio caratterizzata dalla paura costante del giudizio degli altri. In alcuni casi, questo disagio può rimanere circoscritto a particolari situazioni come, ad esempio, un esame universitario, un colloquio di lavoro, un intervento durante un congresso, la presentazione di una propria opera al pubblico.

Si tratta, immancabilmente, di situazioni nelle quali ci si aspetta che facciamo qualcosa; il solo pensiero di poter fallire, o di non essere all'altezza delle aspettative ci porta a vivere una situazione di disagio che, facilmente, va a compromettere questa prova sociale pregiudicandone i risultati, esattamente come temevamo. A differenza di altre paure, come ad esempio l'agorafobia, causata da spazi aperti, l'ansia sociale è totalmente legata alle persone che ci circondano e al possibile loro giudizio nei nostri confronti. Se non trattata, questa forma di ansia, rischia di sviluppare nel paziente una eccessiva insicurezza. È importante notare come il sintomo tenda a sparire ogni qual volta si ritorni in un contesto all'interno del quale non si tema di essere giudicati, o non ci si senta sotto esame.

Stress post traumatico

Chi ha subito un trauma, ha buona probabilità di sviluppare forme di ansia legate al trauma medesimo. Proviamo ad immaginare una persona che sia stata derubata per strada; se prima dell'accaduto non sapeva cosa fosse l'ansia, successivamente potrebbe svilupparla a causa della paura che quanto vissuto possa accadere nuovamente. La terapia in questi casi riesce ad aiutare, facendo arrivare alla consapevolezza del fatto che l'ansia è dovuta alla memoria del corpo, la quale ci avverte di un possibile pericolo, ma non è assolutamente detto che quel pericolo sia permanente o si possa ripresentare; inoltre, la presa di coscienza del fatto che vivere nella paura di qualcosa che probabilmente non capiterà più possa essere fortemente limitante, aiuta a voler fare lo sforzo di vincere le proprie paure e di reimpossessarsi del controllo della propria vita.

Disturbo ossessivo-compulsivo

Se abbiamo la tendenza a controllare ripetutamente qualcosa, come può essere la chiusura della porta di casa, la posizione delle chiavi, l'ora, l'impostazione della sveglia, c'è la possibilità che soffriamo di disturbo ossessivo compulsivo. Naturalmente, le forme più diffuse sono lievi e innocue, ma nei casi più gravi si vive la propria giornata schiavi di un vero e proprio continuo rituale di controllo ripetuto. È del tutto naturale che questo modo di vivere generi situazioni di ansia. In questi casi, la terapia si svolge più che altro a livello comportamentale, tramite tecniche di esposizione e di prevenzione, ma ultimamente si sta approfondendo anche l'aspetto cognitivo, ossia lo studio dei meccanismi che possono portare una persona a presentare questo disturbo.

Capitolo 6
Combattere la Depressione

L a depressione è stata definita la malattia del secolo. Ma cos'è la depressione, e quali sono i suoi sintomi?

Allo stato attuale, la depressione è un disagio psicologico che colpisce molte più persone di quanto si pensi. Presenta un'incidenza maggiore nella popolazione femminile rispetto a quella maschile, e la parte del mondo più colpita è da sempre l'occidente. Nel nostro paese le persone colpite da depressione rappresentano il 6% della popolazione, come riportano le cifre dell'*Istituto Nazionale di Statistica*.

La depressione si riconosce dal presentarsi di alcuni tipici sintomi; chi ne soffre si dimostra apatico, svogliato, può sviluppare insonnia oppure, al contrario, può dormire per la maggior parte della giornata. Il peso corporeo può aumentare o diminuire in modo significativo; ci si sente stanchi, in preda a continui sensi di colpa. Nei casi più gravi, si arriva a credere che la condizione in cui si versa non abbia una via d'uscita, che la vita sia insignificante e che la soluzione migliore sia il suicidio.

Chi vive in uno stato depresso tende a isolarsi, a lamentarsi, a passare la giornata sul divano di casa, e il suo pensiero è costantemente focalizzato su tutto quello che, a suo modo di vedere, c'è di sbagliato nella sua vita. Sono frequenti le crisi di pianto, ci si sente una vittima, un fallito. Occorre dire che interagire con una persona depressa non è né semplice, né piacevole. I primi ad accorgersi di quello che sta succedendo sono, in genere, familiari, amici, partner. Nonostante queste persone possano cercare di convincere il soggetto a rivolgersi ad un esperto per cercare aiuto, non è per nulla facile; chi soffre di depressione fatica a rendersi conto del fatto che il problema è dentro di lui, e non fuori; inoltre, spesso chi è depresso non ha fiducia negli altri e non vuole essere aiutato.

Ora so che voi penserete che, in effetti, prima o poi, noi tutti abbiamo presentato alcuni di questi sintomi; ma allora siamo tutti depressi? Beh, sì e no. Effettivamente, ognuno di noi ha vissuto uno o più periodi di insoddisfazione, di cattivo umore, distribuiti lungo tutta la nostra vita. Detto questo, attraversare un momentaccio non significa automaticamente essere depressi; si inizia a parlare di depressione quando i sintomi persistono stabilmente nel tempo.

Da sempre si dibatte sulle cause di questo male, e devo dire che il meccanismo di produzione dello stato depressivo rimane ancora in gran parte sconosciuto. Su una cosa molti esperti concordano: la depressione può nascere di una serie di specifiche caratteristiche della persona che ne soffre, come ad esempio:

• Il corredo genetico e biologico, ovvero la familiarità
• Cause di natura psicologica, ovvero la tendenza a rispondere agli eventi della vita in modo attivo o passivo
• Cause sociali, ossia legate allo status all'interno della comunità, alle persone che si frequentano e al grado di influenza di queste persone.

La presenza di uno o più di questi fattori può causare una predisposizione verso la depressione, ma non è assolutamente detto che poi il disturbo si debba manifestare. Cerchiamo di capirne di più.

L'esordio della depressione avviene immancabilmente a causa di un evento scatenante che introduce nella vita un cambiamento negativo repentino come ad esempio:

• Abbandono o tradimento da parte del partner
• Perdita del lavoro
• Cambio del percorso di studi
• Trasferimento indesiderato
• Morte di una persona cara

• Pensionamento

Il cambiamento in sé, positivo o negativo che sia, è sempre vissuto come qualcosa di impegnativo. Non tutti sono in grado di viverlo come una propulsione in positivo della propria vita; se poi il cambiamento è di natura negativa, può capitare che il pensiero di ciò che abbiamo perso e di ciò che ci aspetta ci possa trascinare in una spirale negativa che conduce alla depressione.

Prendiamo l'esempio di un caso di abbandono da parte del partner. Quando finisce una storia possiamo, a seconda di tutta una serie di fattori, tra cui quello caratteriale, reagire in due modi: modalità positiva o modalità negativa. In cosa consistono?

Cosa pensa chi affronta la separazione in modo positivo? È vero, sono stato lasciato, riconosco che già da tempo qualcosa non andava tra di noi. È ora di focalizzare l'attenzione su di me, di migliorare il mio carattere. Devo cercare nuove attività che mi interessino, mi distraggano, e mi divertano. La vita va avanti e mi porterà immancabilmente qualcosa di nuovo e migliore.

Al contrario, i tipici pensieri di chi utilizza una modalità negativa potrebbero essere: sono stato lasciato, non capisco perché, cosa ho fatto per meritarlo? Il mio ex partner per me è tutto, se la nostra storia finisce non so più cosa fare, nessun altro mi vorrà. Non ho voglia di fare niente, non credo che il futuro mi riservi qualcosa di bello.

Risulta evidente come, nonostante l'evento scatenante sia il medesimo, Le due reazioni siano profondamente diverse. Nel primo caso, tutto lascia credere che la persona si riprenderà rapidamente, nel secondo, al contrario l'incapacità di accettare quanto successo e guardare oltre condurranno, probabilmente, a un loop depressivo.

Come si esce da uno stato depressivo? Non è una risposta semplice. Innanzitutto, alcuni consigli di base, dettati unicamente dal buonsenso.

Non è ma una buona idea buttarsi sul cibo per superare la malinconia. Allo stesso modo, saltare i pasti non aiuta. Una alimentazione squilibrata, oltre a causare danni alla salute, porta cambiamenti repentini alla nostra immagine. Credo che sia evidente come l'ultima cosa di cui una persona depressa abbia bisogno sia la paura dello specchio. Inoltre, mangiare in modo sano porta immancabilmente a un miglioramento dell'umore.

Il sonno può essere di grande conforto e ristoro, ma non occorre abusarne. Dormire serve a riposarsi, non a fuggire dalla realtà. Passa la giornata nel letto o sul divano, in uno stato di dormiveglia, riesce solo ad aggravare il quadro depressivo.

Occorre prestare particolare attenzione alla qualità dei pensieri. Se rimuginiamo tutto il giorno su tutto quello che di brutto ci può essere successo, questi pensieri tenderanno a diventare totalizzanti, immobilizzandoci di fatto nel rimpianto perenne. Rendiamoci conto che ogni evento ha una ragione e una soluzione. Non può andare tutto bene, ma neanche dobbiamo pensare che tutto debba andare sempre male. In questi casi, l'aiuto di una persona qualificata può essere decisivo per riuscire a vedere la situazione da prospettive alternative, fornendo una chiave di interpretazione differente, più qualificante, che ci possa spronare verso un'evoluzione. Questo non significa affatto che dobbiamo essere sempre ottimisti a tutti costi; sarebbe stupido e irrazionale. È importante, invece, impegnarsi nel valutare gli avvenimenti con lucidità, senza attribuire loro connotazioni catastrofiche che non hanno.

Cerchiamo, sempre, di valorizzare al massimo tutto ciò che è positivo. Non è facile, ma bisogna cogliere il bello e il buono anche nelle cose piccole, durante tutta la giornata. Un complimento ricevuto, una serata piacevole, l'acquisto di qualcosa che desideravamo da tempo. Idealmente, annotiamo tutto questo in un diario. Scrivere e rileggere, anche a distanza di qualche giorno, i nostri pensieri positivi ha un forte valore terapeutico.

I rapporti sociali non vanno mai sottovalutati. Le relazioni sono decisive per chi soffre di stati depressivi. Frequentare amici che ci stimano, con i quali ci sentiamo a nostro agio, rappresenta un fortissimo stimolo che rema contro la voglia di isolarsi. Sembra banale, ma anche solo una serata piacevole in buona compagnia può rappresentare una cura emotiva efficace.

È importante introdurre nella propria vita nuove attività. Potrebbe trattarsi di un hobby, come di un programma di miglioramento personale da eseguire un poco alla volta, ogni giorno. Cerchiamo di preparare una tabella di marcia e di rispettarla. Cose anche molto semplici, come camminare mezz'ora tutti i giorni, dedicare parte della nostra serata allo studio di una lingua straniera o di uno strumento musicale, si rivelano strumenti formidabili per contrastare l'apatia che colpisce le persone depresse. Si tratta inoltre di rinforzi positivi che, senza che ce ne accorgiamo, aumentano la nostra autostima. Ricordate che le persone depresse tendono a sentirsi incapaci? Quale cura migliore che praticare attività piacevoli e gratificanti, e rendersi conto giorno dopo giorno che siamo perfettamente in grado di migliorare e di ottenere risultati?

E le terapie? La mindfulness porta un insegnamento importante; focalizzarsi sul qui e ora. Se riflettiamo un attimo, ci rendiamo conto che molti dei pensieri disturbanti che proviamo appartengono ad un momento diverso da quello che stiamo vivendo. La nostra mente ha la tendenza a soprapporre un pensiero all'altro senza soluzione di continuità. Siamo fatti così, non è possibile scacciare un pensiero sostituendolo con un altro, la mindfulness insegna a trattare i pensieri negativi come una distrazione. Dobbiamo praticare sempre la gentilezza nei confronti di noi stessi, non dobbiamo colpevolizzarci perché un pensiero poco felice si è presentato; limitiamoci a osservarlo, perdoniamoci e lasciamolo andare. Si tratta di una pratica fondamentale tra quelle insegnate durante i percorsi di meditazione, perché ci aiuta a riportare l'attenzione al momento presente e ad affinare la consapevolezza di noi stessi.

Per quanto riguarda, finalmente la terapia cognitivo-comportamentale, possiamo dire che si è spesso rivelata efficace nel combattere e risolvere gli stati depressivi grazie all'integrazione dei suoi approcci, che portano alla modifica degli schemi di pensiero che conducono verso i pensieri disfunzionali. Vediamo in maggiore dettaglio quali siano gli approcci a livello comportamentale e a livello cognitivo.

Attivazione comportamentale

Da un punto di vista comportamentale, la terapia si concentra sulla riattivazione di tutte quelle attività che, a causa dello stato depressivo, si tende ad abbandonare. A questo proposito ci si avvale del cosiddetto principio del rinforzo. Tipicamente, una persona depressa tende a trascurare le consuete attività quotidiane e, conseguentemente, smette anche di provare piacere nel compierle; anche qualcosa di originariamente gratificante, se è svolto di malavoglia, può risultare noioso, e questo porta all'abbandono. Per ovviare a questo problema, risulta fondamentale inserire, durante la settimana, attività piacevoli e stimolanti, con l'obbiettivo di curare l'autostima. È molto importante tornare a sentirsi competenti e competitivi, e già i primi progressi costituiscono un fortissimo stimolo a continuare. Solitamente vengono scelte quelle attività che si svolgevano anche prima della depressione, ma non è una regola. Talvolta risulta più efficace introdurre novità, per risvegliare interesse e curiosità; d'altronde, ci possono essere svariati motivi per i quali sia preferibile non riprendere la pratica di attività legate al passato, soprattutto se portano alla mente ricordi spiacevoli.

Come per qualsiasi altra terapia, i risultati non sono sempre immediati, e si vedono nel tempo; anche in questo caso, il miglioramento dipendono anche dall'impegno del paziente, oltre che dal livello di gravità dello stato depressivo iniziale. È fondamentale, per la buona riuscita della terapia, non aspettarsi dei risultati fin da subito. Esattamente come per l'allenamento in palestra, bisogna accettare di faticare prima di poter notare che, effettivamente, siamo diventati più forti e più attraenti. Nutrire troppa aspettativa per l'immediato è rischioso e può portare alla perdita di motivazione; in questo il terapeuta deve essere molto chiaro fin da subito: non esiste progresso che possa prescindere da impegno e motivazione.

L'attivazione comportamentale, di fatto, andando a introdurre momenti di gratificazione, si prefigge lo scopo di risvegliare nella persona depressa il concetto di obbiettivo personale. Avere di nuovo uno scopo nella vita, prendere coscienza della propria abilità, del proprio valore, è un ottimo inizio per superare la depressione, a maggior ragione se coadiuvati da un valido professionista che ci aiuti a frazionare lo sforzo nel tempo, andando così a prevenire insoddisfazione e demotivazione.

Attivazione cognitiva

Se, da un lato, l'attivazione comportamentale ha come obbiettivo il raggiungimento di un atteggiamento funzionale e adattivo tramite l'adozione di buone abitudini, la terapia cognitiva, anche nel caso della cura della depressione, si focalizza sulla ristrutturazione di tutti quei pensieri negativi che vengono rafforzati da credenze o supposizioni.

Un passo decisivo, da un punto di vista cognitivo, riguarda l'acquisizione di maggiore consapevolezza nei riguardi del dialogo interiore negativo che avviene nella mente delle persone depresse. Per poter modificare, sostituire o ristrutturare i pensieri automatici negativi, occorre innanzitutto riconoscerli per quello che sono. Occorre prendere coscienza del fatto che siamo noi stessi a produrre pensieri demoralizzanti, che siamo proprio noi a voler svalutare o ignorare gli aspetti rassicuranti, preferendo sottolineare e amplificare quelli ansiogeni. Riuscire a minare, a indebolire e a destabilizzare le distorsioni che, a causa delle credenze e dei pregiudizi, si sono annidate nel subconscio del paziente, risulta determinante nel favorire l'implementazione di nuovi pensieri positivi e produttivi.

In effetti, numerose ricerche hanno riportato l'efficacia della sinergia degli approcci cognitivo e comportamentale per quanto riguarda il trattamento della depressione; in particolare, la terapia si è rivelata particolarmente efficace nella prevenzione di possibili ricadute successive.

Come già detto in ambito di attacco di panico, e in generale in tutti i casi di sintomi particolarmente gravi e paralizzanti, anche in molti casi di depressione risulta opportuno affiancare alla terapia psicologica la farmacoterapia, con la funzione di stampella, almeno nel periodo iniziale del trattamento. L'uso del farmaco appropriato aiuta il paziente a produrre quei neurotrasmettitori specificamente implicati nel ristabilirsi dell'equilibrio psicofisico.

In effetti, nonostante gli stati di depressione più lieve siano curabili con il solo ausilio della terapia, i casi gravi vengono quasi sempre trattati con i farmaci opportuni, naturalmente sotto stretto controllo medico. Alcuni professionisti integrano con successo cure naturali, come, ad esempio, l'assunzione di preparati vitaminici dei gruppi B e D. Occorre ricordare però che si tratta, appunto, di integrazione, non di una soluzione alternativa.

Ma allora è possibile uscire dalla depressione? Certo, è possibile ma bisogna avere il coraggio di chiedere aiuto; sappiate che sono veramente pochi quelli che sono riusciti ad uscirne contando unicamente sulle proprie forze. È sempre, sempre opportuno il supporto di un terapeuta, in grado di valutare la gravità del disturbo e, di conseguenza, la metodologia ideale da seguire per superarlo.

Nel 2017 uno studio da parte dell'*Organizzazione Mondiale della Sanità* ha rilevato una triste realtà; nel nostro paese molte persone affette da depressione preferiscono non rivolgersi ad un professionista, all'apparire dei primi sintomi. Questo avviene perché la depressione in molti casi viene ancora come qualcosa di passeggero, legato al momento. Inoltre, c'è un certo imbarazzo ad ammettere, con gli altri e con sé stessi, di avere bisogno di terapia psicologica. Sembra assurdo, ma anche nel momento in cui scrivo molte persone sono convinte che chi frequenta un terapeuta debba essere una persona squilibrata, da evitare. Inutile dire come questo tipo di pregiudizio possa essere nociva nei confronti di una persona depressa, dato il suo già scarso livello di autostima.

Capitolo 7
Gestire la Rabbia

Spesso, raramente, ogni giorno, ogni tanto. È vero, siamo tutti diversi, ma sono assolutamente sicuro che non uno di voi lettori sia immune alla sensazione di rabbia. È un'emozione che appartiene a ogni rappresentante del genere umano, indipendentemente dalla condizione sociale, dall'età o dalla cultura.

Cosa succede quando ci arrabbiamo? Il sistema nervoso del nostro corpo entra in allarme, c'è una sorta di attivazione generale, come se qualcuno avesse spostato l'interruttore in posizione "on". A livello fisiologico possiamo arrossire, contrarre i muscoli, serrare i pugni, assumere una postura difensiva, alzare il tono della voce, oppure addirittura predisporci ad attaccare, a seconda di quanto siamo arrabbiati.

La rabbia viene scatenata dalla percezione di una minaccia, o dal presentarsi di un ostacolo improvviso. Tipicamente, succede quando qualcuno critica la nostra persona, quando subiamo un affronto, o una prevaricazione. La nostra reazione è finalizzata a riportare la situazione ad uno stato a noi gradito, in modo da annullare queste percezioni e riuscire a ristabilire l'equilibrio emotivo.

Notate bene: la rabbia non sempre viene percepita come qualcosa di totalmente negativo da chi la prova, in determinate occasioni la rabbia ci spinge a vedere con maggiore chiarezza la soluzione ad un problema. Quando proviamo, ad esempio, rabbia per un'ingiustizia sociale nei nostri confronti, può succedere che improvvisamente ci sentiamo motivati a cambiare il nostro status, cosa alla quale prima, per pigrizia, non pensavamo nemmeno. La rabbia che scaturisce di fronte un ostacolo che ci impedisce il raggiungimento di un obbiettivo può acquisire un effetto motivante e diventare, di fatto, lo stimolo di cui avevamo bisogno per convincerci a fare lo sforzo decisivo.

Questo in una situazione ideale. Purtroppo, non tutte le situazioni lo sono; spesso non abbiamo la lucidità necessaria per inquadrare correttamente il centro del problema. Se il caso è questo, a fianco di una emozione violenta come la rabbia si genera anche una profonda frustrazione. Si dice che la rabbia non vada trattenuta perché fa male alla salute. Va bene, ma anche se decidiamo di lasciarla esplodere perché non siamo in grado di gestire una carica emotiva così elevata, non è detto che otteniamo un risultato utile. Perdere il controllo in pubblico, specialmente se diventa un'abitudine, può avere conseguenze importanti a livello sociale.

A questo proposito, ritengo doveroso fare una distinzione. Molte persone tendono a confondere la rabbia con l'aggressività; niente di più sbagliato. La rabbia è un'emozione, mentre l'aggressività è una conseguenza non scontata della rabbia. L'aggressività può spingere un individuo ad urlare, rompere oggetti o, in casi estremi, passare alla violenza fisica. Al contrario, ci sono persone perennemente arrabbiate che tengono tutto dentro, limitandosi, magari, a mugugnare a basa voce. Inutile dire che, se il comportamento aggressivo ha delle conseguenze distruttive nei confronti dei rapporti sociali, passare alle vie di fatto facilmente può creare problemi con la legge e portare a conseguenze penali. Se ci accorgiamo che abbiamo la tendenza a perdere il controllo in conseguenza della rabbia, beh, è arrivato il momento di ricorrere all'aiuto di un professionista, per non rischiare che la situazione degeneri.

C'è un modo per gestire la rabbia? Mi sento di sostenere che la terapia cognitivo-comportamentale ha diversi strumenti che aiutano nella gestione della rabbia. Secondo i principi della CBT tutti i disturbi emotivi, legati quindi a emozioni negative, possono trovare una spiegazione nel triangolo: pensieri-emozioni-comportamenti.

I pensieri costituiscono, di fatto, la nostra interpretazione personale di tutto ciò che viviamo; i pensieri sono poi connessi alle emozioni che da un lato rafforzano la situazione di benessere oppure di disagio provata dai pensieri, e dall'altro condizionano i comportamenti. Infine, i comportamenti possono influenzare i pensieri; non basta convincersi che una nostra convinzione sia irrazionale; solo quando lo dimostriamo con l'azione la nostra mente riesce ad accettare fino in fondo il fatto che si siamo sbagliati. Non è possibile modificare alcuna delle tre entità che costituiscono il triangolo senza, di conseguenza, intervenire anche sulle altre due.

Quando si agisce sul lato cognitivo, si insegna al paziente a identificare tutti i pensieri negativi che ricorrono con una certa frequenza. Questi pensieri ricorrenti sono i responsabili del disagio, dal momento che sono proprio questi pensieri a mantenere o a richiamare alla memoria lo stato di malessere. Il lavoro del terapeuta consiste proprio nello smantellamento di queste disfunzioni, trasformandole o sostituendole successivamente con pensieri maggiormente funzionali.

Al tempo stesso, per perdere la tendenza a vedere tutto quello che ci circonda come ostile, è una buona cosa lavorare anche sulla propria autostima e sulla propria empatia; valorizzare altre parti della nostra personalità è di grande aiuto per togliere sempre più importanza a quelle disfunzionali.

La terapia cognitivo-comportamentale fornisce una serie metodologie che risultano utili a diminuire e prevenire gli episodi di aggressività. Oltre all'approccio cognitivo, che aiuta a estirpare convinzioni errate, come ad esempio quella che chiunque non sia d'accordo con noi ci stia in qualche modo insultando o minacciando, esiste quello comportamentale, che fornisce un efficace rinforzo tramite strategie pratiche. Qualche esempio? Innanzitutto, le persone di natura aggressiva farebbero bene a praticare attività in grado di scaricare la tensione dal corpo, come lo sport. Oppure, se ci capita di innervosirci quando veniamo contraddetti, proviamo ad agire in modo opposto rispetto a quanto la rabbia suggerirebbe; invece di dare in escandescenze proviamo a sorridere; al posto che alzare la voce, facciamo dei respiri profondi e cerchiamo di parlare con un tono normale. Ricordate il triangolo? Questo è un caso di comportamento che, producendo un affetto positivo, va di conseguenza ad agire su pensieri ed emozioni. Quando si manifesta la propria rabbia nei confronti di qualcuno, si rischia di provocare una risposta a specchio; se mi agito è molto probabile che lo faccia anche il mio interlocutore. La scelta di optare per una reazione opposta, per quanto non facile all'inizio, produce un effetto positivo dal punto di vista sociale, andando a rafforzare la convinzione, già favorita dal lavoro cognitivo del terapeuta, che reagire civilmente sia davvero conveniente.

La letteratura scientifica ha ampiamente approvato l'utilizzo della terapia cognitivo-comportamentale in ambito di gestione della rabbia, raccomandandone la pratica soprattutto in sinergia con specifiche tecniche di rilassamento. Riuscire a trovare un proprio equilibrio è importante; essere in grado di rafforzare la propria capacità relazionale e sociale ci permette di affrontare al meglio tutti gli eventi della vita, anche quelli meno piacevoli. Come abbiamo già detto, la rabbia è un'emozione che fa parte della natura umana, eliminarla totalmente non è possibile, e probabilmente nemmeno saggio; ciò a cui è bene puntare è eliminare la rabbia dovuta a pensieri disfunzionali, e saper gestire l'aggressività che scaturisce quando effettivamente la rabbia abbia una giustificazione fondata.

Capitolo 8
Aumentare la Sicurezza e l'Autostima

Una persona in grado di sviluppare una buona autostima nutre nei propri confronti un benefico senso di sicurezza. Si tratta di una caratteristica fondamentale; un livello adeguato di autostima permette di assumersi responsabilità sia nei confronti di noi stessi, che degli altri, senza necessariamente vivere nel terrore di ciò che potrebbe succedere. Una persona equilibrata, inoltre, è in grado di mantenere rapporti sociali piacevoli e produttivi con le altre persone. Sottostimarsi, al contrario, inficia notevolmente i livelli di relazione; è naturale che sentirsi inadeguati renda poco piacevole frequentare altre persone, dal momento che le vediamo immancabilmente come troppo superiori a noi per frequentarle con serenità.

Ma cos'è l'autostima? Se dovessimo dare una definizione, potremmo descrivere l'autostima come il valore che diamo a noi stessi.

Vediamo in cosa consista nella pratica la mancanza di autostima, elencandone una serie di caratteristiche:

• Crescente difficoltà nel seguire le proprie aspirazioni
• Dipendenza totale dal giudizio degli altri
• Scarsa fiducia nelle proprie capacità
• Mancanza di una visione del proprio progetto di vita
• Scarsa volontà di cogliere le occasioni
• Personalità ansiosa, possibili fobie
• Vulnerabilità caratteriale
• Mancanza di iniziativa

Naturalmente, come in ogni cosa, nemmeno l'esagerazione è una buona idea. Se è vero che l'autostima bassa preclude molte possibilità, è altrettanto vero che una autostima eccessiva può portare a sottovalutare le difficolta; questo senza contare che, socialmente, alla lunga ci rende fastidiosi. Ci si presenta come orgogliosi e testardi, fin troppo sicuri delle nostre azioni e senza alcun timore di dimostrarlo. Risultato? Non siamo più capaci di vedere quando sbagliamo, e se lo vediamo ci rifiutiamo di ammetterlo. In molte situazioni, questa forma di autostima spropositata diventa problematica, data la tendenza a sviluppare disprezzo nei confronti degli altri. In questi casi, parliamo di autostima ipertrofica. A cosa porta questa presunta superiorità? Al narcisismo.

A cosa porta invece l'autostima troppo bassa? In questo caso, potrebbe presentarsi la tendenza a sviluppare forme compensative che, in definitiva, conducono verso l'aggressività. Esistono dei fattori di rischio da tenere in considerazione, soprattutto di natura ambientale, connessi al terreno familiare e culturale nel quale si è cresciuti:

• Critiche e giudizi negativi abituali da parte della famiglia
• Esclusione dal gruppo
• Episodi di razzismo
• Episodi di svalutazione personale
• Episodi stressanti che si prolungano nel tempo
• Traumi e perdite

Non è detto che chi subisce questo tipo di situazioni debba per forza diventare uno sfiduciato o un aggressivo, questo dipende in buona parte anche dalla sua personalità, dalla sua indole. Diciamo che fattori come questi vanno sempre considerati, quando si analizza la condizione di un paziente.

Una cosa è certa; se la tendenza alla scarsa autostima è qualcosa di presente nel carattere fin dal principio, le criticità presenti nella vita di una persona la possono portare a comportamenti aberranti. Un tipico esempio è quello di una madre ipercritica che può provocare, nel caso di personalità debole, una forte dipendenza affettiva; quello che non si vede in sé stessi lo si cerca negli altri e così facendo si viene a dipenderne. Altri tipici sintomi potrebbero essere un rapporto disequilibrato con l'alimentazione, disturbi dell'umore o accentuazione degli stati ansiogeni. Nei casi più gravi, si sviluppano veri e propri disturbi della personalità.

Come visto in precedenza per altri tipi di disturbi, anche qui risulta estremamente utile ricorrere a trattamento da parte di un professionista. Chi soffre di bassa autostima, se decide di iniziare una terapia, facilmente fatica nell'inquadrare l'autostima medesima come causa dei suoi problemi. È facile che queste persone siano totalmente concentrate sui sintomi, quali depressione, l'ansia o altro ancora. È preciso compito del terapeuta non limitarsi a curare le manifestazioni, sintomatiche, ma lavorare al contempo sull'accrescimento dell'autostima nel paziente. Dedicarsi unicamente alla gestione del sintomo risulta poco sensato; la causa, rimasta insanita, tenderà a ripresentare nel corso del tempo i medesimi sintomi, o ad aggiungerne addirittura di nuovi.

La terapia cognitivo-comportamentale è stata applicata spesso a pazienti con problemi di ridotta autostima. Se dal punto di vista cognitivo l'idea è quella di modificare tutte le idee o credenze disfunzionali, da quello comportamentale la terapia riesce a proporre una migliore gestione dei sintomi consentendo, al contempo, un accrescimento personale attraverso nuove attività.

Riassumendo, la terapia agisce su questi punti:

• Ristrutturazione dei pensieri disfunzionali e controproducenti
• Gestione migliore di stati d'ansia o fobie
• Gestione migliore delle critiche ricevute
• Introduzione di attività gratificanti che accrescano fiducia e competenze

Lavorando in sinergia, ponendo attenzione sulle cause e sugli effetti del problema, la terapia cognitivo-comportamentale riesce molto spesso a restituire al paziente una buona fiducia in sé stesso. Se la vita lo ha condotto lungo un sentiero svalutativo, la terapia lo indirizza verso un percorso alternativo, tramite il quale riuscire a trarre il meglio dalle sue doti naturali.

Capitolo 9
Combattere i Disordini Alimentari

Le tecniche della terapia cognitivo-comportamentale si sono rivelate particolarmente efficaci nella risoluzione dei principali disordini alimentari; bulimia e anoressia.

Alla base di questi disturbi, ci sono immancabilmente pensieri disfunzionali, i quali poi sfociano in atteggiamenti patologici. Una persona che soffre di anoressia, ad esempio, è focalizzata in modo maniacale sul proprio peso e sulla propria immagine. Si arriva a credere che tutti i problemi, così come tutti i successi e le gioie, siano totalmente ed esclusivamente legati a questo fattore. Di conseguenza, l'obbiettivo principale diventa il dimagrimento. Quando non si riesce ad avere successo in ciò che desideriamo, la colpa automaticamente viene trasferita sul proprio peso, evidentemente ancora troppo elevato.

L'opposto accade per chi soffre di bulimia. Il cibo diventa qualcosa di compensativo di tutto ciò che nella nostra vita non funziona. Diventa la fonte preferita e prioritaria di soddisfazione, di gratificazione. Parliamo di bulimia quando, dopo aver essersi abbuffati, sopraggiunga un senso di colpa di tale intensità da spingere le persone a vomitare forzatamente quanto ingerito, per rimediare al proprio errore e sentirsi nuovamente in pace con sé stesse.

Entrambe queste patologie, quando non adeguatamente trattate, oltre a creare evidente disagio psicologico, provocano disturbi a livello fisico; nei casi più gravi le funzionalità di alcuni organi possono essere compromesse fino a portare alla morte. La terapia, come di consueto, mira sia ad affrontare il problema da punti di vista sia cognitivi che comportamentali.

Quanto si trattano disturbi alimentari, la terapia cognitivo-comportamentale si articola solitamente in tre fasi. Nella prima fase il paziente viene rassicurato tramite opportuni chiarimenti sulla natura del proprio disturbo, e si cerca di migliorare la regolarità nell'alimentazione introducendo attività alternative, con la funzione di distogliere il pensiero dalla questione cibo. Nella seconda fase ci si focalizza sull'alimentazione in quanto tale, proponendo un regime alimentare e sportivo per cui il paziente possa toccare con mano quali siano i benefici di una vita più sana. Nell'ultima fase, infine, vengono discussi i risultati ottenuti e i metodi che lo hanno permesso, elaborando al contempo strategie di rinforzo per evitare di ricadere nel problema in futuro.

Un esercizio molto utile consiste nel monitoraggio della propria alimentazione con l'ausilio di un diario. Il paziente deve annotare, con onestà naturalmente, i pasti consumati, indicando anche le quantità di cibo. Durante l'incontro successivo, quanto riportato nel diario verrà discusso con il terapeuta. Come già detto in precedenza, anche nel caso dei disturbi alimentari è necessario che il paziente sia il primo a desiderare una risoluzione della problematica che lo affligge. La terapia cognitivo comportamentale offre soluzioni, ascolto ed esercizi; non miracoli. Al paziente è richiesta pertanto una parte attiva, senza il contributo della quale, nessuna terapia può avere successo. In questo senso, tenere un diario si rivela un efficace strumento che aiuta il pazienta a mantenere viva l'attenzione sul proprio comportamento e, successivamente, può rivelarsi estremamente valido nella prevenzione delle ricadute.

A questo metodo, applicato nello specifico ai disturbi alimentari, sono state nel tempo mosse delle accuse di troppa generalizzazione. Apparentemente, in effetti, il terapeuta non va a scavare alle origini del problema, concentrandosi sulla sintomatologia. Questo è vero in una certa misura, ma solamente all'inizio del percorso. Quando un paziente presenta questo tipo di disturbi, la cosa più urgente è garantire la sua salute e la sua sicurezza, e questo viene ottenuto fornendo mezzi concreti per contrastare i sintomi. Successivamente, viene analizzato il sistema relazionale che gravita intorno al paziente, fino ad arrivare alla comprensione delle cause che hanno generato il problema.

I motivi di questo modo di procedere sono abbastanza chiari. Le persone non affette da disturbi alimentari hanno come metro valutativo tantissimi aspetti che riguardano la loro vita. Le relazioni, gli interessi, il lavoro e via dicendo. In questi casi, si riesce fin dalle fasi iniziali a introdurre un approccio cognitivo. Al contrario, chi soffre di un disturbo alimentare possiede un unico metro di valutazione: il proprio peso e la propria immagine nello specchio. Uno schema di pensiero così totalizzante può essere difficile da scalzare, di certo il processo può richiedere tempi maggiori. Spesso purtroppo, le condizioni di salute dei pazienti, dovute al disturbo, non permettono indugi eccessivi. Per questo inizialmente la terapia si concentra sull'aspetto comportamentale, riservando quello cognitivo a fasi più avanzate.

La terapia cognitivo-comportamentale, nei casi del trattamento di disturbi alimentari, può essere applicata individualmente o in gruppo. Di fatto, la terapia di gruppo ha riscontrato maggiore successo nel caso di persone affette da bulimia. Per una persona con questi problemi, confrontarsi con altre persone risulta in genere vantaggioso. Sentirsi capiti da altre persone, rivedersi in una sorta di specchio, sentirsi parte di un gruppo unito, sono tutte cose che aiutano e trovare la forza necessaria per percorrere fino in fondo la strada che porta alla guarigione.

Occorre tenere presente che spessissimo, chi soffre di crisi bulimiche, prova vergogna per il proprio comportamento. La bulimia è un problema per l'autostima, si ha la tendenza ad isolarsi, nella paura di essere criticati da persone che non capiscono il problema. Poter confrontarsi e dialogare con persone che conoscono perfettamente il problema, che non giudicano perché esse stesse ne sono affette, che stanno percorrendo lo stesso sentiero di guarigione, è una vera propria luce in grado di rischiarare il momento buio che il paziente sta attraversando.

Al contrario, la terapia di gruppo applicata a pazienti anoressici non ha dato risultati entusiasmanti, se non nel caso particolare in cui venga applicata all'interno di apposite comunità, all'interno delle quali venga esercitato un determinato controllo.

A differenza della bulimia, l'anoressia non ha grosse conseguenze sull'autostima, anzi, spinge chi ne soffre ad essere maggiormente competitivo nei confronti delle altre persone. In questo caso, non è la vergogna a rendere difficile parlare con altri di quello che si sta vivendo, ma un'eccessiva rigidità. La costante e totalizzante preoccupazione del proprio peso rende egoisti; all'anoressico non importa nulla di eventuali altre persone affette dal suo stesso problema, in quanto lui stesso tende a negare il proprio. Addirittura, in un gruppo di persone anoressiche si potrebbe creare una competitività deleteria, che andrebbe a minare alla radice il raggiungimento del successo, oltre che a creare grossi problemi alla salute dei pazienti.

Risulta di conseguenza evidente che, mentre nel caso della bulimia le sedute di gruppo siano qualcosa di vantaggioso, nel caso dell'anoressia c'è il grosso rischio che l'attenzione del paziente si sposti dall'applicazione di quanto raccomandato dal terapeuta al confronto con chi siede accanto. Per questo motivo, generalmente, si preferisce trattare i pazienti anoressici con sedute individuali, maggiormente calibrate sulla singola particolare situazione.

Capitolo 10
Gestire i Problemi di Coppia

In ogni storia d'amore c'è sempre un inizio; in quel momento raggiungiamo la felicità, tocchiamo il cielo con un dito, tutto ci sembra realizzabile, percepiamo il mondo con tutti i suoi colori e amplifichiamo al massimo la percezione di tutto quanto di bello ci circonda.

Ogni coppia, quando ricorda i primi momenti, concorda sul fatto che siano stati i migliori, perché tutto era perfetto, al punto tale da non sembrare vero. In quei frangenti, i desideri coincidevano con la realtà, e l'intesa tra i due innamorati era solo una questione di sguardi.

Quando iniziamo una relazione con la persona amata, il nostro più grande desiderio coincide con il vivere questa persona in tutte le sfaccettature, conoscerne e assaporarne ogni caratteristica, ogni minimo dettaglio. La vicinanza al partner ci rende più forti di quanto siamo mai stati, e questo senso di sicurezza fa sì che iniziamo a progettare una vita insieme.

Quando questo periodo idilliaco giunge al termine, ha inizio una fase di consolidamento. Si tratta, spesso, se la coppia è affiatata, di un periodo piuttosto lungo, che può durare facilmente anni. Si vive insieme, si condividono spazi e passioni, in una parola prendono forma i progetti che si erano pianificati appena conosciuti.

Purtroppo, non è detto che duri per sempre. Con il passare del tempo, se le basi non sono solide, gli eventi tendono ad allontanare le persone. Attenzione ed energie non vengono più dedicate al partner con la medesima priorità. A causa del lavoro, degli impegni, delle circostanze, la passione iniziale può venire meno; di conseguenza, ci si sente più stanchi e ci si cerca di meno.

Le persone crescono, i gusti cambiano. È inevitabile che, all'interno di una coppia, i meccanismi debbano cambiare, rispetto ai primissimi momenti. Sarebbe preoccupante il contrario. Nella vita di ciascuno di noi entrano in gioco determinate dinamiche legate all'abitudine, e non è da tutti saperle gestire preservando il legame, riuscendo a mantenerlo vivo e interessante.

I social e internet non hanno aiutato. Ci mostrano coppie perennemente sorridenti, impegnate nella continua condivisione di attività gratificanti; noi invece noi arriviamo a sera sfiniti, soprattutto se nel frattempo siamo diventati genitori e le responsabilità sono aumentate. Come non sentirsi scoraggiati? Il cellulare, in questo senso, diventa un muro invisibile in grado di minacciare qualsiasi coppia. Non solo cattura la nostra attenzione in modo prepotente, fino a che, senza quasi accorgercene, non parliamo più con la persona che abbiamo accanto; peggio ancora, ci obbliga a confrontarci con la invidiabile e irreale felicità di altre coppie, che apparentemente passano tutta la vita a sorridere, mano nella mano.

Un altro pericolo sta nel non capire l'evoluzione del rapporto, nel pretendere che tutto rimanga uguale a ciò che era nei primi momenti. "Quando ci siamo conosciuti era tutto diverso". Frasi come questa sono figlie di una superficiale e immatura analisi della realtà che, alla lunga, conduce a guardare il partner con sospetto. Da qui, purtroppo, il passo verso la crisi è breve; la barriera diventa sempre più spessa, diventa difficile parlare, si smette di provarci, preferendo lamentarsi con amici e parenti, piuttosto che provare a rimediare al problema.

Condividere tutto con il partner all'inizio era il più grande dei desideri, ma ora diventa un obbligo, una costrizione. Per qualche motivo, sentiamo il forte bisogno di spazi personali, e quando decidiamo che il nostro è stato invaso, reagiamo con ostilità. In un certo modo ci aspettiamo che il partner debba capire e condividere questa nostra esigenza; non ci abbassiamo a chiedere, o forse non ne siamo più capaci, non comunichiamo da troppo tempo. Diamo per scontato che anche il partner desideri stare sulle sue, ma se questo non avviene proviamo irritazione. Confondiamo l'affetto con l'invadenza, la sollecitudine con la mancanza di fiducia. Quando si è smesso di comunicare purtroppo, si lascia molto, troppo spazio all'interpretazione. Se siamo arrivati a questo punto, molto probabilmente siamo a un passo dal declino. I rapporti si riducono ad un ciao detto di fretta, non ci si ascolta più e, in breve tempo, ci si riduce come due estranei.

Se si hanno figli, la relazione è messa maggiormente alla prova, dal momento che, se alla sera si desidera stare in compagnia del partner, anche solo per pochi minuti, spesso non è possibile. I bambini richiedono grandissima energia, e la sottraggono alla coppia. Anche qui, non tutti sono in grado di accettare e apprezzare il cambiamento. Quello che per alcuni diventa un motivo di unione, per altri può diventare frustrazione.

Quando sopraggiunge la crisi, facilmente siamo presi da sensi di colpa. Altrettanto facilmente, è probabile che sviluppiamo la tendenza a colpevolizzare il partner. Anche questo è un effetto della mancanza di dialogo, che favorisce l'incomprensione e il fraintendimento. Questo tipo di problematica può essere ricondotta ad un concetto molto importante, utilizzato in molte tecniche di mindfulness, ovvero la consapevolezza. Dobbiamo chiederci quanto in realtà siamo consapevoli della situazione in cui viviamo. La mancanza di consapevolezza porta in una spirale di fraintendimenti; si accusa il partner del fallimento del rapporto, senza riuscire a rendersi conto di quale sia la propria responsabilità, di quali siano i propri errori.

Un ulteriore problema causato dall'inconsapevolezza sta nell'incapacità di rendersi conto che quella che appare una crisi irreversibile potrebbe, in realtà, essere semplicemente un momento di stanchezza. Le crisi momentanee fanno parte di qualunque storia d'amore, ne preparano l'evoluzione, che non necessariamente deve essere negativa. I cambiamenti sono inevitabili, dobbiamo essere preparati ad affrontarli. Occorre dare la possibilità alla situazione di evolvere, senza irrigidirsi come se avessimo subito un affronto; diversamente, il vivere quotidiano rischia di trasformarsi in un campo minato. Una dichiarazione di guerra aperta non aiuta nessuno, quando si dimostra ostilità non si favorisce l'apertura del partner alle nostre esigenze, al contrario, lo si porta a irrigidirsi, a sua volta, nelle proprie posizioni.

Quando nella coppia l'incomprensione prende il sopravvento, si genera un vero e proprio circolo vizioso; sentirsi poco capiti e considerati porta, a sua volta, a smettere di preoccuparsi delle esigenze altrui, in una sorta di stupida ripicca. Si prova una delusione a priori, si ha l'impressione che tutte le rosee aspettative dei primi momenti siano state deluse, quando probabilmente non è così. Anche in questo caso, la mancanza di consapevolezza impedisce di capire che, probabilmente, siamo noi che siamo cambiati, non la situazione che è peggiorata.

Occorre ricordare a sé stessi che è sempre possibile fare qualcosa, se vogliamo farlo. Bisogna avere la capacità di valutare la propria relazione nell'insieme, e chiedersi se sia davvero il caso di buttare via tutto quello che abbiamo ricevuto, se non valga la pena di smettere di reagire con negatività a tutto quello che non capiamo. Purtroppo, non è per nulla facile, e lo dico per esperienza. Arriva un momento in cui percepiamo il partner come irrimediabilmente distante, quando si arriva a vivere il rapporto con un senso di fastidio nei confronti dell'altro, perché ogni cosa che fa ha il potere di irritarci. Oppure, se quelli scontenti non siamo noi, ci si rende conto che veniamo trattati con freddezza, che non siamo più importanti, che qualsiasi nostro tentativo di avvicinarci provoca l'effetto opposto a quello desiderato.

Certo, non deve andare così per forza. Ci sono coppie che non conosceranno mai questi momenti, e ce ne sono altre che li hanno conosciuti e superati. Qualcuno lo ha fatto per sincero amore nei confronti del partner, qualcun altro per il bene dei figli. Ogni situazione è diversa, e generalizzare è impossibile, oltre che poco assennato.

A livello di terapia, mi sento di dire che non esiste la bacchetta magica. Non esiste una terapia di coppia adatta ad ogni situazione, proprio perché, come abbiamo appena detto, ogni persona e, di conseguenza, ogni coppia, ha delle proprie specificità che vanno riconosciute, e accettate. È preciso compito del terapeuta, che tipicamente trova di fronte a sé due persone rigide, arroccate nella propria posizione, trovare i punti deboli per riuscire a scardinare il muro di diffidenza che si è creato, insinuando il dubbio e riuscendo, di conseguenza, a far capire alle persone che non esiste un punto di vista unico e univoco. Quando una coppia vive una crisi, la più grande difficoltà sta proprio nel voler fare lo sforzo di vedere la situazione del punto di vista del partner. Detto questo, con l'aiuto del terapeuta ogni coppia deve costruire un proprio cammino per uscire dallo stato di crisi. Si tratta di un percorso fatto di momenti condivisi, abbinato da attività da portare avanti da soli con l'ausilio delle tecniche di problem solving che abbiamo descritto in precedenza. Risulta utile ad, esempio, il ricorso al role playing, di cui abbiamo parlato in precedenza.

Sono molti gli aspetti su cui lavorare. Occorre innanzitutto imparare a gestire gli spazi. Troppo spesso si ha la tendenza a volersi occupare di tutto, e poi accusare il partner di scarsa partecipazione. Delegare una parte delle incombenze della vita quotidiana significa dimostrare fiducia, significa far sentire al partner che si ha bisogno di lui come lui ha bisogno di noi. Una coppia incapace di lavoro di squadra difficilmente si destreggia nelle problematiche della vita. Non sono solo parole; studi clinici hanno dimostrato come il benessere di coppia si rifletta anche sulla salute dei singoli, oltre che, ovviamente, sul benessere psicologico e sul grado di soddisfazione nei confronti della propria vita. Ci sono evidenze secondo le quali vivere nella perenne conflittualità aumenti il rischio di contrarre malattie.

Grande rilievo deve essere attribuito alla comunicazione. La chiave che permette il funzionamento del rapporto di coppia è proprio la comunicazione. Ci sono personalità con tendenze al controllo; in questi casi è bene raccomandare la limitazione di questo aspetto caratteriale. Lo scambio di idee è necessario; l'imposizione al contrario, genera chiusura.

Bisogna far ragionare le persone sull'inutilità dei paragoni con altre persone. Accettare l'unicità del proprio partner significa vivere felici.

Questo naturalmente significa anche accettare gli inevitabili errori, da un lato valorizzando gli aspetti positivi della persona che si ha accanto, e dall'altro rendendosi conto che il nostro metro di giudizio non deve necessariamente sempre essere quello giusto.

È compito del terapeuta aiutare coppia a trovare la propria identità, portando equilibrio tra le tre tipologie di momento che si presentano tipicamente in ogni relazione.

- Momento di separazione: è importante che i partner riescano a trovare una propria autonomia all'interno della coppia; tipicamente ricavando spazi da dedicare a sé stessi, sempre in un'ottica di comune.
- Momento di supporto: è necessario attivare momenti nei quali risulti possibile sviluppare l'empatia verso il partner. Questo conduce ad un supporto efficace di coppia, esercizio importante per costruire la capacità di affrontare momenti futuri che possono mettere alla prova.
- Momento di coppia: si tratta delle situazioni nelle quali si riesce a stabilire una vera e propria fusione con il partner, nel pieno equilibrio reciproco; è bello potersi donare all'altro senza mai dimenticare la propria identità all'interno della coppia. Questi momenti arricchiscono di significato il rapporto, in quanto ricchi di emotività.

Come si svolge specificamente la terapia cognitivo-comportamentale di coppia? Quando si smarrisce la propria identità, quando il rapporto perde equilibrio e non si vive più bene a contatto con il partner, la terapia fornisce un valido supporto nel ricondurre una relazione disfunzionale verso una possibile soluzione. A differenza di altri casi, la terapia viene qui seguita insieme al partner.

Avere un rapporto sano non dipende solo dalla bravura dei singoli. Certo, ci sono casi in cui l'unione di due persone mature e consapevoli è tutto quello che serve. Non tutti siamo così fortunati; molte coppie traggono grande vantaggio dalla messa in atto di una strategia intelligente, associata ad una gestione di pensieri efficaci.

L'approccio cognitivo è decisivo nella gestione delle emozioni negative, alle quali occorre impedire ad ogni costo di prendere il sopravvento. Questa abilità è strettamente collegata al concetto di intelligenza emotiva della coppia.

Cosa si intende con intelligenza emotiva? Quando parliamo di intelligenza emotiva ci riferiamo, nello specifico caso, alla capacità di percepire, riconoscere e interpretare le emozioni del partner, senza limitarsi alle proprie. È un concetto che poco o nulla ha a che vedere con il quoziente intellettivo; l'intelligenza di cui parliamo qui è una qualità specifica che a che fare con la sensibilità nei confronti della persona che abbiamo accanto.

Detto che la terapia cognitivo-comportamentale, se applicata al singolo, risulta avere effetti benefici anche sulla coppia, dal momento che una persona felice e soddisfatta è generalmente meglio disposta verso chiunque, il percorso di terapia fornisce anche delle soluzioni di tipo preventivo, utili per evitare situazioni di scontro o disagio che, invece che unire, se non gestite sapientemente corrono il serio rischio di allontanare. Grazie al un supporto di un professionista qualificato si possono acquisire:

- Una migliorata capacità di ascolto del partner. Quante volte a ciascuno di noi è capitato di non ascoltare, o di prestare scarsa attenzione? Ogni volta che lo facciamo, il partner percepisce esattamente questo: scarsa attenzione. Quando non siamo presenti e non riconosciamo la giusta importanza alle esigenze e alle emozioni del partner, di fatto lo stiamo allontanando.
- Una costante voglia di mettersi in gioco. Non è buona cosa ragionare immancabilmente attraverso i medesimi schemi prefissati. Garantire il funzionamento della propria relazione vuole dire anche essere pronti al cambiamento. La vita stessa ci mette di fronte a continui colpi di timone; la capacità di adattamento unita a quella di reiventarsi sono caratteristiche tipiche delle coppie felici.
- La capacità di lavorare come una squadra di fronte agli eventi della vita. Quando due persone sentimentalmente unite si affrontano con ostilità, come se fossero su un ring, corrono il serio rischio di deteriorare tutti gli altri rapporti umani a loro connessi. Dichiararsi guerra l'un l'altro costringe chi è vicino a schierarsi o da una parte o

dall'altra. Se questo è vero nel caso delle amicizie, diventa molto più grave quando si hanno dei figli. Arrivare impreparati a questo momento, senza essersi assicurati di avere idee comuni a proposito della loro gestione e educazione, significa preparare la strada al disastro. In questo e in tanti altri casi della vita, esserci preparati a lavorare come una squadra può fare la differenza tra una coppia funzionale e una che non lo è.

Nel caso di rapporti di coppia, la psicoterapia sarà sempre specifica. Abbiamo già detto che non esiste un modello di coppia ideale; allo stesso modo, non esiste una strategia che possa accontentare tutti. È dovere del terapeuta, a seconda dei problemi riscontrati, riuscire a trovare la strada giusta che conduce verso il miglioramento di tutti i problemi che la coppia lamenta.

Una volta di più occorre precisare che non si tratta di un percorso facile. In questo caso, la difficoltà maggiore è rappresentata dall'incapacità di instaurare una tregua e mettere a nudo le proprie emozioni. Non si può pensare di erigere muri e, al contempo, aspettarsi che le cose migliorino.

Bisogna che il terapeuta riesca a far comprendere come la volontà di mettersi in discussione sia una grande forma d'amore verso l'altro e verso sé stessi, soprattutto quando non si è più solo in due ma si hanno delle responsabilità genitoriali da affrontare.

La terapia cognitivo-comportamentale si è rivelata particolarmente efficace nei casi in cui, all'interno di una coppia originariamente felice, non si riesce più a vivere bene insieme al partner, a causa dell'impressione indefinita che qualcosa sia cambiato. Con un'ottica diametralmente opposta, la terapia ha anche aiutato tante persone che, convinte che il loro rapporto fosse finito, hanno voluto avere la certezza di essere in grado di gestire al meglio una situazione tanto traumatica.

Capitolo 11
Critiche e Obiezioni al Metodo

Nonostante la terapia cognitivo-comportamentale sia un modello basato su prove, ovvero nel corso degli anni abbia dimostrato la sua validità oggettiva grazie a innumerevoli studi e ricerche, come per qualsiasi altra teoria non sono mancate le critiche. La maggior parte dei critici accusano la terapia di essere totalmente focalizzata sui sintomi del problema, trascurandone le cause.

A mio modo di vedere, non si tratta di una obiezione sensata. Si tratta, probabilmente, di una obiezione nata ai tempi del comportamentismo di prima generazione; qui, effettivamente, veniva affrontato unicamente il comportamento manifesto. Come sappiamo, la psicoterapia si è evoluta, affiancando il modello del comportamentismo focalizzato sulla correzione del sintomo, ad un approccio cognitivo, il cui preciso obbiettivo è l'analisi e la correzione di tutti gli schemi che stanno alla base del pensiero disfunzionale che produce un determinato comportamento.

Il fatto che, quando si inizia un percorso di terapia, si inizi a lavorare sul sintomo, è dovuto alla necessità, spesso impellente, di togliere la persona da una situazione invalidante. Immaginiamo un paziente afflitto da crisi di ansia; non trovate ragionevole che il terapeuta si assicuri, innanzitutto, di alleviare le sofferenze della persona? Data l'importanza della fiducia del paziente nel metodo, non ritenete che alleviarne innanzitutto i sintomi sia una mossa straordinariamente efficace? Se è vero per l'ansia, lo è ancora di più per la depressione, o le fobie, o l'anoressia.

L'errore dei critici sta nel confondere questo approccio iniziale con la totalità della terapia. Abbiamo spiegato più e più volte, esponendo diversi casi pratici, come la terapia cognitivo-comportamentale si soffermi con grande attenzione sulle cause che hanno prodotto il sintomo, e sulla assoluta necessità della loro estirpazione.

Una volta che il sintomo si sia attenuato e il paziente sia riuscito a riprendersi la propria quotidianità, risulta molto più agevole iniziare a correggere gli schemi di pensiero inconscio che conducono verso la manifestazione del sintomo.

Se non si procede destabilizzano tutti i circoli viziosi che creano il sintomo, si corre il rischio che questo diventi cronico. L'evoluzione da teoria comportamentista e terapia cognitivo-comportamentale è avvenuta intorno agli anni Settanta con la nascita del cognitivismo, come abbiamo detto in precedenza. L'apporto del cognitivismo consiste, per l'appunto, negli strumenti necessari all'analisi approfondita e alla correzione dei meccanismi mentali che sono alla base del comportamento manifesto.

La terapia cognitivo-comportamentale, a differenza di altri approcci, definiti pseudo-scientifici, gode di buona considerazione in tutto gli ambienti professionali e accademici. Ciò nonostante, a dispetto delle numerose ricerche ed evidenze che ne dimostrano la validità, il mito del comportamentismo rimane tuttora l'argomento preferito dai suoi pochi detrattori.

Conclusione

C'è sempre una ragione che muove le persone verso un percorso terapeutico. Quando questo avviane, ci si è accorti che qualcosa nella vita non funziona come prima, e si prova il desiderio di cambiare le cose, di riportare equilibrio.

Quando si è in preda all'ansia, oppure un determinato evento ci ha buttato giù di morale e l'oscurità sembra non diradarsi mai, il primo passo verso il miglioramento consiste proprio nel trovare dentro di noi la forza di chiedere aiuto. Nonostante i pregiudizi che ancora gravano su coloro che frequentano un terapeuta, dobbiamo accettare il fatto che certi tipi di disturbi non si curano ignorandoli; al contrario, rischiano di peggiorare, degenerando di fatto in una routine che infine si consolida in forme di evitamento.

Rivolgersi ad un professionista preparato è la scelta migliore da farsi, nel momento in cui percepiamo che qualcosa dentro di noi non sta funzionando come dovrebbe. Prima troviamo il coraggio di farlo, meglio è.

La terapia cognitivo-comportamentale costringe il paziente a mettersi in forte discussione; nonostante dapprima si concentri sulla cura del sintomo, così da aiutarlo a riprendere una quotidianità accettabile, ben presto affianca all'approccio comportamentale quello cognitivo, che consiste nell'analisi e correzione di tutti i meccanismi mentali spontanei e inconsci che stanno alla base della sofferenza.

Ho cercato di presentare in questo libro gli aspetti fondamentali della teoria; i concetti che ne stanno alla base, gli strumenti principali, e alcune applicazioni pratiche a una serie di disturbi, tra i più diffusi e meritevoli di attenzione, mettendo in evidenza l'importanza di un programma terapeutico che si avvalga della sinergia dei due approcci.

A chi volesse approfondire le tematiche esposte, ricordo che questo è un manuale di intento divulgativo, non un trattato scientifico. Le opere e gli autori citati nel corso del volume sono una ottima base per arricchire la propria conoscenza di questa affascinante teoria. Se è vero che ciò che avete in mano non è un'opera di carattere accademico, è doppiamente vero che in nessun caso può rappresentare la soluzione ad alcun tipo di disagio psicologico, nemmeno al più lieve; l'aiuto di un professionista qualificato è sempre, ripeto sempre, imprescindibile.

Vi lascio con l'augurio sentito che la vostra vita scorra serena e felice e che, doveste mai attraversare un momento buio, lo superiate di slancio, con le vostre sole forze o con l'aiuto di altri.

PNL - PROGRAMMAZIONE NEURO-LINGUISTICA

SCOPRI LE CONTROVERSE TECNICHE PER ANALIZZARE E INFLUENZARE CHI TI CIRCONDA, RIPROGRAMMARE LA TUA MENTE E RAGGIUNGERE I TUOI OBBIETTIVI

Phil Anger

Introduzione

Viviamo in una società che si basa sulla comunicazione. Siamo nati per comunicare con gli altri e per esprimere la nostra opinione, ogni qual volta lo desideriamo. È nella nostra natura, come in quella di ogni altro animale. Come gli animali, in effetti, tramite la comunicazione esprimiamo emozioni, desideri. Comunicando ci accostiamo a coloro che desideriamo come partner, educhiamo i figli, stabiliamo le gerarchie, delimitiamo il territorio. A differenza degli animali però, la comunicazione umana si svolge con una grande varietà di modalità. Possiamo parlare, scrivere, usare il linguaggio del corpo. Senza contare forme di comunicazione meno esplicite ma non per questo meno efficaci, come quelle appartenenti alla sfera artistica.

Comunicare è fondamentale in ogni ambito della vita. In famiglia, a scuola, sul lavoro. Senza comunicazione efficace, non saremmo in grado di ottenere buoni voti alle interrogazioni, o di superare gli esami universitari. Non riusciremmo ad affrontare il colloquio che ci permette di ottenere il lavoro che desideriamo. Non saremmo in grado di lavorare in sinergia con i colleghi, di convincere i clienti a scegliere la nostra azienda, e così via.

La comunicazione è necessaria per creare una rete di contatti e amicizie, il che, essendo l'uomo un animale sociale, non è qualcosa di prescindibile. Senza comunicazione non è possibile costruire relazioni sentimentali, creare una famiglia e, di fatto, contribuire alla conservazione della specie umana.

Detto questo, spesso si dimentica che comunicare e comunicare efficacemente non sono sinonimi. Se non si è in grado di interagire correttamente, diventa molto difficile ottiene ciò che si desidera. La comunicazione efficace sta alla base di una vita felice, ma sta anche alla base di una azienda di successo. Il tempo speso nel miglioramento delle proprie capacità comunicative, credetemi, è indiscutibilmente tempo speso bene.

Molto bene, tutto chiaro, direte voi. Ma cosa si intende per comunicazione efficace?

Mi piace usare una definizione semplice; comunicare efficacemente significa possedere la capacità di esprimere chiaramente ciò che stiamo pensando, in modo da evitare qualsiasi tipo di fraintendimento nell'ascoltatore, predisponendolo, al contempo, a aderire alle nostre richieste o a concordare con la nostra opinione.

Non credo di dovervi convincere del fatto che la cattiva comunicazione possa rivelarsi causa di perdite di tempo e denaro. Immaginate di ricevere una e-mail di lavoro con istruzioni troppo vaghe da parte del vostro superiore, o di un vostro collega. Proverete a svolgere il vostro lavoro rispettando queste direttive, ma sarà facile equivocare, fraintendere. Risultato? Lamentele, lavate di capo, denaro perso, tempo buttato.

È evidente, penserete voi, bastava chiedere chiarimenti, raccomandando maggiore chiarezza per il futuro. Bene. Ma facciamo un passo ulteriore; e se aveste ricevuto una comunicazione che, non solo fosse stata chiara a livello di indicazioni, ma addirittura vi avesse invogliato a procedere, vi avesse spinto a desiderare di mettervi al lavoro e svolgere al meglio in compito assegnato? Non sarebbe stata questa la forma di comunicazione più efficace in assoluto?

La PNL, ovvero *programmazione neuro-linguistica*, di fatto ha il preciso scopo di convincere le persone a vedere le cose dal nostro punto di vista, a spingerle a concordare con noi e a soddisfare le nostre richieste. Si tratta, nella pratica, di un insieme di tecniche psicologiche per ottenere il meglio dalla vostra capacità di comunicazione, utilissime per comunicare efficacemente e trarre il massimo vantaggio da moltissime situazioni quotidiane.

Questa è manipolazione, direte voi. La mia opinione è leggermente differente; giudichiamo gli intenti, non i mezzi per raggiungerli. Se usassimo la PNL per convincere un caro amico del fatto che sta per commettere un grave errore, parleremmo ancora di manipolazione? Credo di no.

In questo manuale preferisco limitarmi a descrivere in modo imparziale e oggettivo quali siano i concetti fondamentali della PNL, e quali siano le tecniche di applicazione più diffuse. Come ogni strumento, ciascuno può farne l'uso che ritiene corretto.

D'altra parte, come vedrete più avanti, la PNL si rivela estremamente efficace nell'aiutare le persone a liberarsi da paure, fobie, preconcetti, schemi mentali disfunzionali; tramite l'analisi dei meccanismi che portano una persona a reagire in un determinato modo di fronte ad una certa situazione, è davvero possibile aiutarla a sviluppare reazioni alternative, migliorandone, di fatto, la qualità della vita.

Prima di iniziare questo viaggio di esplorazione, lasciate solo che vi raccomando di non cercare mai di utilizzare alcuna tecnica di manipolazione, che sia contenuta in questo libro o meno, per causare danno o fare del male a qualcuno. Al di là del discorso etico e morale, credetemi: le conseguenze potrebbero essere gravi e ve ne potreste pentire amaramente. Cercate di pensare sempre di riflettere prima di agire; chiedetevi come vi sentireste se foste voi a subire questo trattamento.

Bene, è il momento di iniziare a parlare di PNL; cerchiamo di capire come, se utilizzate sapientemente, le tecniche di questa affascinante disciplina possano aiutarci a migliorare la qualità dei nostri rapporti, avere maggiore successo sul lavoro e, in definitiva, vivere una vita più felice.

Capitolo 1
La Storia della PNL

Abbiamo dichiarato che la *programmazione neuro-linguistica* consiste, sostanzialmente, in un insieme di teorie e tecniche volte a massimizzare l'efficacia della comunicazione, con il duplice intento di eliminare ogni possibilità di equivoco e a predisporre l'ascoltatore a concordare con quanto affermiamo. Ma quando è nata la PNL?

Possiamo collocare le origini della PNL tra gli anni Sessanta Settanta in California, quando John Grinder e Richard Bandler iniziano a occuparsi dello studio dei metodi di comunicazione. Il loro obiettivo è quello di capire come riescano certi psicoterapeuti a effettuare diagnosi così precise e a fornire delle soluzioni efficaci a ogni problema che i loro pazienti presentino. Tra queste figure di riferimento, Fritz Perls, Virginia Satir e il famosissimo Milton Erickson, padre dell'ipnosi clinica. I due studiosi notano, infatti, che tante persone in cura presso questi luminari sono motivate e convinte dalle loro parole a tal punto da eseguirne scupolosamente tutte le direttive, senza mai fare alcuno strappo alle regole.

Per Grinder e Bandler, c'è una sola possibile spiegazione a questo fenomeno: questi psicoterapeuti hanno sviluppato una serie di tecniche tramite le quali sono riusciti a convincere a livello profondo i loro pazienti a prestare loro attenzione e fiducia totali.

Ed ecco che torniamo al problema della comunicazione. È evidente che spiegare con chiarezza non sia sufficiente, e di certo non si tratta di ricorrere alle minacce. Allora qual è il segreto che permette a questi terapeuti di operare un così profondo convincimento nelle persone da loro seguite?

In realtà non esiste alcun segreto. Parecchi studiosi e ricercatori in precedenza si erano occupati di questo fenomeno; tra questi spicca Dale Carnegie, considerato universalmente il padre della crescita personale. Carnegie, nel suo bestseller *Come trattare gli altri e farseli amici,* aveva già individuato la regola d'oro, quella che è alla base di qualsiasi successo pubblico o privato. La regola che permette di ottenere dalle persone ciò che vogliamo, senza dover puntare loro un coltello alla gola.

La regola è semplicissima: "Fai in modo che l'altra persona voglia quello che vuoi tu". Tutto qui.

Nessun segreto, nessuna minaccia fisica o verbale, niente di particolarmente esoterico. È sufficiente che persona a cui ci rivolgiamo senta di desiderare di comportarsi come vogliamo noi.

So che ora starete pensando che ho appena enunciato una grande ovvietà. In parte avete ragione, e convincere le persone a concordare con noi non è qualcosa di automatico o semplice. Però è stato fatto. La storia è piena di personaggi che hanno convinto intere masse ad appoggiare le proprie idee, per quanto aberranti, unicamente in virtù della propria capacità di presentarle in modo tale che gli ascoltatori desiderassero ardentemente aderirvi. Pensate a Adolf Hitler e a quello che è riuscito a ottenere dal popolo tedesco. Pensate a Charles Manson. Potrei continuare all'infinito.

Per quale motivo questa strategia risulta così efficace? Perché solletica l'ego delle persone e risolve il più grande bisogno insoddisfatto di qualsiasi persona sulla faccia della Terra, a partire dal politico più potente fino al più miserabile dei clochard; il desiderio di sentirsi apprezzato e di avere uno scopo nella vita.

Riuscire a soddisfare questo bisogno nei nostri interlocutori rappresenta la chiave del successo. Se siamo in grado, tramite la nostra abilità comunicativa, di convincere sistematicamente le persone a seguire la nostra linea di pensiero, beh, allora successo e serenità sono assicurati.

Detto questo, un conto è capire il meccanismo di base, ben altro è riuscire ad eseguirlo. Le persone spesso non sanno quale sia il loro vero scopo, cosa desiderino realmente dalla vita; a maggior ragione diventa difficile, per un osservatore esterno, capirlo e riuscire ad usarlo per i propri scopi.

Bandler e Grinder, d'altra parte, avevano constatato che gli psicoterapeuti a cui facevano riferimento sembravano riuscirci abbastanza facilmente, ed erano determinati a capire a fondo quali fossero le tecniche che lo rendevano possibile. Grazie a colloqui con terapeuti e pazienti, i due ricercatori arrivarono a capire che la chiave per convincere i pazienti a seguire incondizionatamente le indicazioni, sembrava consistere in una serie di tecniche di comunicazione atte creare una sorta di legame con i loro pazienti. Questo legame, unito a un indiscutibile talento naturale per la comunicazione e all'empatia (intesa come la capacità di entrare in sintonia con una persona così da adeguare il proprio comportamento a seconda dei momenti e degli stati d'animo) sviluppate in anni di esperienza permetteva a questi professionisti di avere successo con i loro pazienti e di riuscire ad aiutarli in modo concreto.

Il risultato di queste indagini consiste nella scrittura di alcuni testi seminali, che possono essere considerati la base del PNL come lo conosciamo, ma è solo grazie a Robert Dilts, allievo di Bandler, che nei primi anni Ottanta si inizia a parlare di *programmazione neuro-linguistica.*

Dilts, infatti, porta il lavoro di Bandler e Grinder ad un livello superiore, sviluppando con metodo scientifico l'applicazione della PNL a vari ambiti, tra cui il business e la comunicazione di massa. Diversi suoi libri sono ancora oggi considerati dei capisaldi della PNL; tra questi spicca *La Programmazione NeuroLinguistica Volume I,* scritto in collaborazione con Bandler, Grinder e Judith DeLozier.

Questi testi peraltro non arrivano ancora al grande pubblico. Il primo volto riconosciuto dal grande pubblico (in gran parte digiuno di qualsiasi nozione di psicoterapia) e inequivocabilmente associato alla PNL è quello di Anthony Robbins. Robbins, studente dei corsi tenuti da Bandler e Grinder, e forse è il primo in assoluto a capire a fondo la grandissima potenzialità della PNL. Robbins è giovane ma ha le idee chiare, e si mette al lavoro per scrivere un libro che tutti gli appassionati e i divulgatori di crescita personale conoscono benissimo: *Come ottenere il meglio da sé e dagli altri*. È il libro che presenta al mondo tutto il potenziale della PNL e che, di fatto, consacra Robbins come guru di crescita personale tra i più famosi del mondo.

Da Robbins in poi, la storia della PNL diventa più confusa. Tantissimi terapeuti cercano di cavalcare l'onda del successo di questa dottrina, creando metodi personalizzati di comunicazione o approfondendo il lavoro dei pionieri. Non approfondirò questa fase storica, dal momento che, rispetto alla teoria originale, non ritroviamo innovazioni decisive, e tutte le nuove applicazioni sono molto simili le une alle altre. Naturalmente, come in ogni caso di successo, anche nel caso della PNL c'è stata una fioritura di guru improvvisati, pronti a sfruttare economicamente il trend.

Mi limito a nominare Michael Hall, psicologo aderente alle teorie della *terapia cognitivo-comportamentale* che, in collaborazione con il patriarca Bandler, ha cercato di sviluppare una onesta evoluzione della dottrina, che ne correggesse i principali punti deboli, o presunti tali.

Questa situazione confusa ha portato a conflitti legali e controversie per cui, allo stato attuale, in gran parte degli ambienti scientifici del mondo la PNL non viene riconosciuta come dottrina ufficiale. È considerata, per l'appunto, una pseudoscienza.

In realtà, sono milioni le persone nel mondo che dichiarano, soprattutto grazie al lavoro di Anthony Robbins, di aver ricevuto grandissimi benefici dalla pratica della PNL, in moltissimi aspetti della vita.

Non intendo, all'interno di questo manuale, schierarmi da una parte o dall'altra. Preferisco fornire al lettore informazioni oggettive, e lasciare che, alla fine, ciascuno giudichi per sé.

Capitolo 2
I Concetti Fondamentali

Bene, ci troviamo di fronte a questo affascinante acronimo, PNL, che abbiamo detto corrispondere a *programmazione neuro linguistica*. Ma cosa significa questa definizione? Perché questo nome?

- Programmazione: l'intento della PNL consiste nel migliorare la vita delle persone, dando loro la capacità di organizzare al meglio i propri processi cognitivi e di ottimizzare l'efficacia della comunicazione. In sostanza, si tratta di modificare i processi tramite i quali ricaviamo la percezione del mondo esterno, di fatto riprogrammandoli, in modo da ottimizzare i comportamenti che ne sono la naturale risposta.
- Neuro: la realtà, come la conosciamo, non è qualcosa di oggettivo. Al contrario, è qualcosa di unico, che varia da persona a persona, dal momento che non viene percepita in modo univoco, bensì tramite l'interpretazione personale di ciò che, tramite i cinque sensi, arriva al nostro sistema nervoso.
- Linguistica: ci riferiamo al meccanismo secondo il quale, tramite il linguaggio verbale e non verbale, traduciamo ed esprimiamo ciò che, della realtà circostante, percepiamo e inviamo al sistema nervoso.

Nell'insieme, i tre termini indicano l'intento di utilizzare un linguaggio efficace per riuscire a programmare al meglio i comportamenti dovuti all'interpretazione personale che diamo alla nostra percezione della realtà esterna; tramite questa pratica, si arriva a ottenere comportamenti efficaci in risposta ai diversi stimoli esterni, andando a limitare o dismettere le reazioni controproducenti per il nostro benessere.

La nostra personale struttura di interpretazione viene denominata *mappa*; è precisamente qui che, tramite tecniche opportune, andremo a intervenire, a riprogrammare, appunto.

La complessità delle percezioni sensoriali porta ad una grande diversità tra le *mappe* di diverse persone. Ci sono persone che utilizzano maggiormente uno dei cinque sensi, rispetto agli altri. Di conseguenza, non esiste il linguaggio perfetto, quello maggiormente efficace nella riprogrammazione dei comportamenti. Nei capitoli successivi vedremo due diverse distinzioni all'interno dei possibili soggetti a cui applicare la PNL, una basata sull'età mentale, una basata sul canale sensoriale preferito.

Introduciamo a questo punto qualche definizione estremamente utile: parliamo dei concetti di *conscio, inconscio* e *subconscio*.

La Mente Conscia

Quando si parla di *conscio* si parla della parte razionale della nostra mente. Tutti i giorni, in continuazione, facciamo grande uso della mente conscia per prendere anche la più piccola delle decisioni che ci troviamo ad affrontare. È la mente attiva, quella di cui siamo consapevoli. Quando decidiamo cosa mangiare e facciamo la nostra scelta in base al nostro stato di forma fisica, a cosa abbiamo consumato nei pasti precedenti e in base al costo del cibo, stiamo utilizzando la mente conscia. La mente conscia fa uso del ricordo e dell'esperienza, e per questo motivo viene fortemente influenzata dal nostro vissuto; se abbiamo già mangiato una certa cosa e ricordiamo che ci ha fatto stare male, la mente conscia ci sconsiglia di ripetere l'esperienza.

Risulta estremamente interessante il fatto che, quando usiamo la mente conscia per rafforzare un comportamento, finiamo per spostarlo in area subconscia e infine inconscia. Se siamo intolleranti alle zucchine, dopo essere stati male una prima volta, razionalmente smetteremo di mangiarle, finché ad un certo punto la vista delle zucchine ci provocherà repulsione, senza neanche bisogno di ragionare sul perché.

La Mente Inconscia

Nella mente inconscia abbiamo immagazzinato l'esperienza di milioni di anni di evoluzione umana. Potremmo attribuire alla mente inconscia il concetto di *istinto*, ossia attribuirle tutte le reazioni immediate che vengono eseguite senza alcuna riflessione, come anche tutti i comportamenti involontari senza i quali non potremmo portare avanti la nostra esistenza.

Il fatto di chiudere gli occhi o alzare le mani quando stiamo per essere colpiti da qualcosa, è dovuto alla mente inconscia. Il meccanismo della respirazione è dovuto alla mente inconscia. Ma come, direte voi, io posso controllare razionalmente il mio respiro. È vero, ma che succede quando dormite? Siete voi a decidere di respirare? Assolutamente no. E questo vale anche per quando siete svegli, lungo la giornata. Non respirate perché la mente conscia vi suggerisce di farlo, o in seguito ad un ragionamento; lo fate perché la mente inconscia sa perfettamente che è necessario, e da milioni di anni insegna a farlo ad ogni essere umano al momento della nascita.

La natura primitiva e genetica della mente inconscia la rende particolarmente difficile da esplorare e controllare. Il fatto di sobbalzare a seguito di un rumore improvviso probabilmente non è così utile in una società nella quale, sostanzialmente, non corriamo rischi fisici. Per questo ci fa ridere quando facciamo uno scherzo ad un amico e lo vediamo reagire in modo inconsulto: la nostra parte razionale ride di un comportamento che giudica sproporzionato; in effetti lo è, trattandosi di un comportamento legato a epoche storiche in cui trascurare il minimo rumore poteva significare morte.

La Mente Subconscia

Lasciamo la mente subconscia per ultima per il semplice fatto che si tratta, di fatto, del campo di azione della PNL. In realtà la possiamo immaginare posizionata a metà, tra le menti consce e inconsce. In che senso? Torniamo alle zucchine.

Abbiamo detto che, un bel giorno, magari alla mensa aziendale, vediamo queste bellissime zucchine, e la nostra mente conscia, basandosi sul fatto che si tratta di un alimento digeribile, poco calorico ed economico, oltre che ben cucinato, ce ne suggerisce il consumo. Esito: stiamo malissimo. Svolgiamo gli accertamenti del caso e scopriamo che, con il passare degli anni, abbiamo sviluppato una intolleranza alle zucchine. A questo punto, la volta successiva, vediamo di nuovo il piatto di zucchine e razionalmente pensiamo: no, mi fanno stare male, è già successo. Con il passare del tempo, il processo diviene automatico. Sviluppiamo una naturale repulsione per le zucchine dovuta alla nostra esperienza; ecco che abbiamo sviluppato una credenza, e siamo passati nel campo della mente subconscia. Se per assurdo, da milioni di anni gli esseri umani assaggiassero zucchine e fossero costretti a correre in bagno, ecco che nasceremmo con questa repulsione ben radicata nella mente inconscia.

In un certo senso, la mente subconscia rappresenta le emozioni, perché quando una reazione, un comportamento passa dallo stato conscio e quello subconscio, di fatto andiamo a creare dei forti legami a livello neuronale. Creare un'amicizia vuole dire stare bene in compagnia di una persona, al di là del ragionamento razionale. I legami neuronali sono difficili da sciogliere, ed è per questo che litigare con un amico ci provoca dolore molto maggiore che litigare con uno sconosciuto. Questo vale ancora di più per l'amore; dopo anni di convivenza con la persona amata, la mente inconscia ha immagazzinato una tale quantità di connessioni neuronali che, nel momento in cui questa persona ci abbandona, si verifica un vero e proprio disastro emotivo.

La mente subconscia racchiude anche tutta la nostra memoria. Potremmo non ricordare perché proviamo attrazione o repulsione verso determinati individui, oggetti o situazioni, per lo meno a livello conscio; ebbene, la mente subconscia ricorda tutto, e proprio in base a questo ci spinge a provare determinate emozioni.

PNL e Mente Subconscia

Entrambe le menti non consce, ossia *inconscio* e *subconscio*, sostanzialmente sono la sede di tutto ciò che ci appare irrazionale; gusti personali, intuito, creatività, reazioni istintive; senza contare che sono responsabili dei nostri sogni e incubi. La differenza fondamentale tra le due sta nella profondità con la quale sono radicate nella nostra personalità.

La mente inconscia è qualcosa con cui veniamo al mondo. È legata a fattori ancestrali e, per questo motivo, è praticamente inaccessibile. Neanche con una vita di psicoterapia potremmo insegnare a qualcuno a tenere gli occhi aperti quando sta per ricevere una pallonata sul viso. Al contrario, la mente subconscia immagazzina credenze legate al nostro vissuto, e qui esiste una possibilità di intervento; ecco perché la PNL si pone come obbiettivo di agire sul *subconscio*.

Tornando all'esempio alimentare, non sarà facile fare apprezzare le zucchine a chi ha preso l'abitudine di evitarle, perché nonostante lo possiate convincere razionalmente a ritentare l'esperimento, il suo subconscio lo metterà comunque in guardia, e potrebbe portarlo a provare una sensazione di disgusto, tanto è forte il legame neuronale presente nel suo subconscio. Tornando a quanto detto prima, la percezione delle zucchine come alimento pericoloso fa parte della *mappa* interpretativa della persona, che è proprio ciò che la PNL si propone di riprogrammare. Questo potrebbe, ad esempio, aiutare qualcuno a imparare a nuotare, anche se questo qualcuno da piccolo ha rischiato di annegare e ora la sola vista di uno specchio d'acqua gli provoca sensazioni di terrore.

Vediamola da un altro punto di vista. Poniamo che un venditore stia cercando di piazzare una vendita, che so, un'auto di lusso. Potrebbe rivolgersi alla vostra mente razionale, illustrandovi i benefici derivanti da una spesa maggiore; durata, comfort, prestazioni. Se questo non vi convince ancora, e il venditore si accorgesse che a voi l'auto piace molto, allora potrebbe rivolgersi al vostro *subconscio*, e vi assicuro che se è un bravo venditore lo farà. Ricordate che abbiamo detto che le emozioni sono situate nelle menti non consce? Il venditore a questo punto probabilmente potrebbe dipingere nella vostra mente l'immagine di voi come persona di successo, seduta al volante di una bellissima macchina, che procede lungo un viale facendo girare le persone, che vi osservano con ammirazione e invidia. Se l'immagine fosse sufficientemente vivida, voi potreste concludere l'acquisto anche se, razionalmente, sapete benissimo che state spendendo un po' troppo e che un'auto economica svolgerebbe egregiamente i compiti assegnati.

Cosa ha fatto il venditore? Ha adottato il linguaggio più efficace per intervenire sulla vostra *mappa*, di fatto riprogrammandola; la vista di un'auto di lusso, che prima vi riportava alla mente l'immagine di un conto bancario in rosso, ora vi evoca immagini di successo e soddisfazione. Probabilmente il nostro venditore ha letto questo libro.

Capitolo 3
Linguaggio e Metamodelli

Quando una persona si esprime tramite il linguaggio, di fatto apre una finestra sul suo sistema di credenze, la sua struttura di interpretazione o, come detto precedentemente, la sua *mappa*. Le informazioni che ricaviamo sulla struttura cognitiva delle persone sono essenziali per applicare correttamente ed efficacemente le tecniche di PNL. Sarebbe tutto molto più semplice se tutti noi comunicassimo tramite lo stesso modello di linguaggio; se esistesse un linguaggio universale, sarebbe possibile per qualsiasi praticante di PNL intervenire subito in modo preciso su ogni persona e risolvere l'eventuale problema, piuttosto che ottenere ciò che desidera.

Secondo la visione di Bandler e Grinder, se possiamo pensare alla nostra personale *mappa* come ad una sorta di *struttura profonda*, il linguaggio può essere considerato come una *struttura superficiale* che, quando comunichiamo, attinge a quella profonda per esprimere le nostre idee, le nostre impressioni, le nostre esperienze. Da qui l'importanza dello studio del linguaggio, inteso come un vero e proprio estratto della struttura profonda delle persone.

Come attinge l'essere umano alla propria *mappa*, alla propria *struttura profonda*? Possiamo dire che lo fa per scelta, utilizzando una serie di processi. Di fatto, nel momento in cui attingiamo alla *mappa* per esprimerci tramite il linguaggio, per forza di cosa utilizziamo dei processi di semplificazione, in modo da estrarre le informazioni che riteniamo più utili allo scopo, tralasciando il resto. Questo processo di semplificazione rappresenta un modello che utilizziamo ogni qualvolta desideriamo mettere in comunicazione con il mondo esteriore il nostro modello interiore, la nostra mappa; di fatto rappresenta un modello di modello, e viene definito *metamodello*.

In alte parole, [...*questo metamodello rappresenta le nostre intuizioni sulla nostra esperienza*] (Bandler, Grinder, La Struttura della Magia).

L'analisi del *metamodello* di una persona permette di individuare quali siano le semplificazioni operate quando questa persona attinge alla struttura profonda, e permette di fatto di correggere collegamenti arbitrari, recuperare informazioni mancanti, e di fatto ampliare la scelta tra le reazioni disponibili ad una determinata situazione esterna.

Questo tipo di analisi si svolge ponendo al soggetto le opportune domande, costringendolo così ad analizzare quale sia il meccanismo, il ragionamento che lo porta a reagire in un certo modo di fronte ad una eventualità. Queste domande, in ambito PNL, vengono definite *confrontazioni*.

Vediamo più in dettaglio tramite quali meccanismi la mente umana semplifichi la *mappa* o *struttura profonda* ogni qual volta necessiti di attingervi per esprimersi tramite il linguaggio. In ambito PNL, queste semplificazioni vengono definite come *violazioni*, e vengono catalogate in tre categorie principali:

• Generalizzazioni
• Cancellazioni
• Deformazioni

Lo studio del *metamodello* caratteristico di una persona di prefigge tre obbiettivi fondamentali:

• Analizzare la struttura del problema, ossia quale sia il meccanismo che porta alla *violazione*, e cosa lo abbia generato, ponendo le opportune domande
• Raggiungere la soluzione, ossia fornire al *metamodello* le informazioni mancanti e ampliare la possibilità della scelta, andando in contemporanea a minare l'esistenza di connessioni arbitrarie e disfunzionali

• Migliorare la capacità comunicativa del soggetto ampliandone la *mappa* o *struttura profonda*.

Prima di addentrarci nella descrizione approfondita delle tipologie di *violazioni* del *metamodello,* vorrei chiarire una cosa fondamentale; le *violazioni* non rappresentano una patologia; al contrario, si tratta di un meccanismo perfettamente sano e funzionale.

Abbiamo già detto come la mente subconscia dell'essere umano abbia memoria dell'intero trascorso, di ogni singolo evento che sia successo, dalla nascita al presente. Questo però non significa che il cervello umano abbia la capacità di gestire contemporaneamente questa quantità spaventosa di informazioni ogni qual volta si tratti di prendere anche la più insignificante delle decisioni.

Che fa quindi il cervello? Beh, semplifica. E crea scorciatoie. Vi va di tornare a parlare di zucchine?

Dapprima i fatti; anni fa, alla mensa aziendale, abbiamo mangiato un piatto di zucchine e siamo stati malissimo. La volta successiva che ci siamo trovati davanti questi benedetti ortaggi, non abbiamo estratto dal subconscio tutte le informazioni pertinenti. Non abbiamo analizzato tutto ciò che abbiamo mangiato nei giorni che hanno preceduto l'incidente, non ci siamo chiesti se magari non fossimo vestiti troppo leggeri, o se nel piatto ci fossero altri potenziali ingredienti dannosi, o se si trattasse, magari, di una partita di zucchine guaste. Abbiamo semplificato: le zucchine mi hanno fatto stare male. Col tempo, il nostro cervello si è ulteriormente facilitato la vita instaurando una scorciatoia, una connessione arbitraria: zucchine uguale mal di pancia.

Lo ribadisco, si tratta di un meccanismo perfettamente normale e logico; quando ordiniamo al ristorante, non è funzionale dover ragionare per due ore sul piatto da scegliere. Il problema nasce esclusivamente quando le scorciatoie instaurate siano disfunzionali e basate su presupposti errati.

Se abbiamo paura dell'acqua perché, da piccoli, durante una mareggiata, un'ondata ci ha buttato gambe all'aria, è disfunzionale evitare l'acqua per tutta la vita. La scorciatoia instaurata dal cervello, secondo la quale l'acqua è pericolosa, si basa su informazioni incomplete; non dovremmo trascurare, ad esempio, che il mare calmo è qualcosa di differente, e che le capacità natatorie di un adulto non solo quelle di un bambino. Ed ecco l'importanza dell'analisi del *metamodello*, ecco come mai per scardinare le credenze disfunzionali dobbiamo porre le domande giuste, ed ecco il campo di azione della PNL.

Generalizzazione

Quella delle *generalizzazioni* è, probabilmente, la categoria di violazione più ampia e più diffusa. Parliamo di *generalizzazione* quando ci basiamo su un evento, sulle relative conseguenze, e traiamo un giudizio che va ad abbracciare una categoria molto più ampia di eventi. I nostri esempi relativi a intolleranza alle zucchine e paura dell'acqua sono classici esempi di *generalizzazione*.

Vediamone un altro. Se durante un viaggio in Spagna ci rubano il bagaglio, e ne deduciamo che gli spagnoli sono ladri, stiamo evidentemente generalizzando. Si tratta di un meccanismo bloccante ed ovviamente disfunzionale, dal momento che ci mal dispone nei confronti di una intera popolazione che, senza dubbio, sarà in gran parte composta di persone oneste.

D'altra parte, la *generalizzazione* è un meccanismo estremamente utile. Quando ci sbronziamo la prima volta, impariamo che esagerare con l'alcool fa male. Se non applicassimo la *generalizzazione*, dovremmo sempre arrivare a bere quella birra di troppo per capire che sarebbe stato meglio smettere prima. Inoltre, la *generalizzazione* è quel processo che ci permettere di accendere il televisore nuovo senza dover per forza leggere centinaia di pagine di manuale d'uso, o di guidare fin da subito l'auto nuova quando andiamo a comperarla.

La *generalizzazione* si esprime tramite due categorie di costrutti, o figure retoriche: i *quantificatori universali* e gli *operatori modali*. Vediamo in dettaglio.

Quantificatori universali

Quando diciamo che tutti gli spagnoli sono ladri, usiamo la parola "tutti" in funzione di *quantificatore universale*. Applichiamo la nostra esperienza negativa con una singola persona ad una categoria ampia, omnicomprensiva, universale, appunto. La corretta *confrontazione* in questo caso potrebbe essere: "sei sicuro? Quanti spagnoli conosci?".

Operatori modali

Senza scendere troppo nei dettagli, sappiate che gli *operatori modali* si suddividono in ulteriori tre categorie; volontà, necessità, possibilità.

Un esempio di operatore di volontà: la frase "voglio avere successo nella vita". Per applicare una *confrontazione* adeguata, potremmo chiedere a questa persona cosa intenda, o che vantaggi pratici si aspetti.

Esempio di operatore di necessità: "devo andare a letto tutte le sere alle 22". Chiediamo a questa persona quali potrebbero essere gli inconvenienti, nel caso non si dovesse attenere a questa regola ferrea.

Esempio di operatore di possibilità: "non riesco ad alzarmi presto". Qui potremmo domandare: "ci hai provato? Come hai fatto?".

Cancellazione

La *cancellazione* è qualcosa che noi tutti utilizziamo ogni giorno, in parte per pigrizia, in parte perché è un vizio che si prende. Si tratta, in sostanza, di esprimere un concetto in modo parziale, omettendo informazioni fondamentali, in modo che l'ascoltatore debba scegliere; o chiedere ulteriori dettagli, o rinunciare a capire e prendere per buona l'affermazione. Se volete vedere centinaia di esempi di cancellazione, guardate lo stato nel profilo dei vostri contatti sui social network. Sicuramente fa riferimento a qualcosa che capiscono solo loro, o al limite una cerchia ristrettissima di persone che li frequentano da vicino.

Perché lo facciamo? Da un lato come meccanismo di difesa. Se in ufficio esclamiamo "sono stufo marcio", nessuno capirà a cosa ci stiamo riferendo, e di conseguenza sarà difficile contraddirci. Magari ce l'abbiamo con il collega di fianco, ma lui non lo sa, e noi ci possiamo sfogare tranquillamente.

Inoltre, come ho già detto, anche la pigrizia gioca un ruolo determinante. È come se il cervello entrasse in uno stato di risparmio energetico. Minima spesa, massima resa.

Anche qui, si tratta di un meccanismo con implicazioni positive. Ci sono situazioni in cui determinate informazioni sono inutili, altre in cui sono addirittura dannose. Se sto annegando, la parola "aiuto" è più che sufficiente. Il bagnino ha già capito, non serve che gli spieghiamo dettagliatamente come mai, da piccoli, non abbiamo imparato a nuotare come si deve. O meglio, serve solo a farci sprecare ossigeno e ad annegare prima.

Vediamo in quali forme il nostro cervello operi la *cancellazione* quando deve rapportarsi alla *mappa*.

Cancellazione semplice
La *cancellazione semplice*, la più diffusa, consiste semplicemente nell'omettere informazioni che potrebbero dare maggior senso alle nostre affermazioni, o aiutare a contestualizzarle.

Ricordate l'esempio dello stato sui social network? Avete presente quelle persone che scrivono: "sono emozionato"? Direi che si tratta di un esempio lampante, ed è altrettanto ovvio che la *confrontazione* appropriata potrebbe essere: "emozionato perché?".

Facciamo un esempio meno futile: la frase "sono un fallito", che tante volte purtroppo pronunciamo. Ma perché dovremmo essere dei falliti? In base a cosa possiamo sostenerlo?

Mancanza di comparativo
Sappiamo tutti cosa sia un comparativo, relativo o assoluto. Quando esprimiamo questo tipo di costrutto senza specificare il termine di paragone, ricadiamo nella *cancellazione* per *mancanza di comparativo*.

"È il migliore nel suo lavoro". Questa frase ha chiaramente un senso relativo. Abbiamo tralasciato di specificare l'ambito. È il migliore dell'ufficio? Della città? Del mondo? Dell'universo? Ed ecco le nostre domande di *confrontazione*.

Non specificazione dei verbi
In questo caso, più che tralasciare una parte del discorso, ci esprimiamo in modo vago, in modo da non chiarire cosa succeda veramente.

Esempio: "quando ero piccolo, mia madre mi ha fatto del male". Ok, ma cosa ti ha fatto? Ti picchiava? Ti insultava? Ti chiudeva in uno stanzino buio?

Mancanza di riferimenti
Questo è qualcosa che capita veramente spesso. Avete presente frasi come "tutti mi dicono che sono brutto", oppure "la gente preferisce investire negli immobili", o ancora "sappiamo tutti cosa dovresti fare". È chiaro che qui si enuncia un concetto senza riferirlo a nessuno in particolare. Chi lo dice? Chi la pensa così?

Parvenza di oggettività
In genere attuiamo questa *cancellazione* tramite uso di avverbi, tra i quali "ovviamente", "certamente", "sicuramente" e simili. Parliamo di oggettività perché, tramite queste espressioni, cerchiamo di rafforzare, di dare una certa autorevolezza a quanto stiamo affermando. Facciamo un paio di esempi.

"Sicuramente anche oggi mi capiterà qualcosa". E noi risponderemo: "da dove proviene questa sicurezza?"

"Ovviamente nessuno si ricorda del mio compleanno". Ma perché dovrebbe essere ovvio? Cosa lo rende ovvio? Ecco le nostre domande di *confrontazione*.

Deformazione

Le *deformazioni*, o *distorsioni*, sono dei tentativi di modificare la realtà percepita dai sensi.

Come mai o facciamo? Ad esempio, per scaricare la responsabilità delle nostre azioni, o per dare ad altri la colpa del nostro insuccesso. Vediamo come possiamo catalogarle.

Presupposto

Parliamo di *presupposto* quando ci avvaliamo di una affermazione dubbia per basare la nostra successiva argomentazione. In questo modo, cerchiamo di spostare l'attenzione dell'interlocutore sulla nostra argomentazione, di fatto andando a dare solidità al presupposto dal quale siamo partiti.

Vediamo un esempio. Se io esclamo: "hai cucinato così male che mi è venuto mal di pancia", sto affermando di avere mal di pancia, dando per scontato che qualcuno abbia cucinato male. Ancora: "guidi così male che mi viene da vomitare"; nuovamente stiamo dando per scontato che la persona con cui parliamo effettivamente guidi male.

So che, leggendo questi esempi, starete pensando che, tutto sommato, questo tipo di *violazione* del *metamodello* non sembri così grave. Il problema nasce quando il presupposto su cui ci si basa è pesantemente disfunzionale. Riprendiamo l'esempio del viaggio in Spagna; e se io dicessi: "gli spagnoli sono così disonesti che sicuramente mi verrà rubato qualcosa", vi sembrerebbe cosa da poco?

Naturalmente, in questo caso la *confrontazione* sta proprio nel contestare il *presupposto* fallato; "in base a cosa dici che guido male?", "da dove ti arriva la convinzione che gli spagnoli siano disonesti?"

Causa-Effetto

Se la *deformazione* da *presupposto* poteva avere una certa utilità per scaricare le proprie responsabilità, quella da *causa-effetto* è perfetta per dare la colpa ad altri per ciò che ci affligge. Sembrerebbero due figure simili, ma in realtà in questo caso non partiamo da un presupposto, bensì da un evento reale. Il problema è un altro: attribuire a questo dato oggettivo la connotazione arbitraria di causa scatenante rispetto a un danno che abbiamo ricevuto.

Vediamo qualche esempio. "Ti lascio perché non sopporto che tu fumi in casa" potrebbe essere la frase pronunciata da una persona che ha da tempo deciso di abbandonare il partner, ma preferisce trovare una scusa che permetta di dare la colpa a lui, deliberatamente trascurando il proprio contributo al fallimento del rapporto. Ancora: "dovrei uscire a fare la mia corsa quotidiana, ma ho visto le previsioni del tempo e pare che pioverà". Questa persona di basa su un dato oggettivo, ossia la previsione di cattivo tempo, e lo usa per giustificare il fatto di non avere nessuna voglia di alzarsi dal divano.

Naturalmente, in questo caso, occorre confutare la causalità tra il presunto evento scatenante e la presunta conseguenza.

Lettura della mente

Qui c'è poco da spiegare, è esattamente come sembra. E nuovamente stiamo cercando di scaricare responsabilità. Affermare "quello lì pensa che io sia stupido", aiuta ad alleggerire il peso di essersi comportati da stupidi. Noi non sappiamo cosa pensi di noi quella persona, nessuno può saperlo, ma il fatto di essere giudicati stupidi in base ad una opinione infondata e precedentemente radicata ci solleva da ogni colpa. In realtà, potremmo aver commesso una azione oggettivamente stupida, e il giudizio degli altri su di noi potrebbe essere dovuto unicamente a quello.

Ma possiamo andare oltre. Magari non abbiamo neanche fatto errori, e magari non siamo nemmeno stati notati. Stiamo dando ad altri la colpa della nostra insicurezza, della nostra paura di non essere all'altezza. Pensiamo a qualcuno che partecipa ad una festa, e tra sé e sé mormora: "tutti pensano che sono vestito in modo ridicolo"; probabilmente, in realtà, questo è quello che pensa lui; le altre persone sono troppo impegnate a bere e divertirsi per notare l'abbinamento calzini/camicia.

Lo stesso accade quando qualcuno ci dice, con tono accusatorio: "so benissimo cosa stai pensando!". Probabilmente questa persona, mentre si rivolge a noi, sta inconsciamente criticando sé stessa.

La *confrontazione* in questo caso consiste semplicemente nel chiedere al soggetto in base a cosa ritenga di poter leggere la mente delle persone.

Equivalenza complessa

Anche questo costrutto ha una certa somiglianza con i precedenti. Nel caso del *presupposto*, ci si basava su una assunzione errata. Nel caso del rapporto *causa-effetto*, si attribuiva a un avvenimento reale la colpa di qualcosa che non ci piaceva. Qui la cosa è più sottile, perché si tratta di interpretare un oggettivo comportamento altrui, spiegandolo con ragioni arbitrarie. Si tratta, potremmo dire, della *distorsione* di chi soffre di vittimismo.

Prendete l'esempio di qualcuno che, vedendo due amici che ridono tra loro, affermi: "stanno ridendo di me". Oppure di qualcun altro che, mentre aspetta una chiamata telefonica che non arriva da parte del partner pensa: "sicuramente è in compagnia di qualcun altro e si è dimenticato di me".

E che ne direste di una persona che, a seguito di un successo personale, si aspettasse di ricevere telefonate di congratulazioni da parte degli amici e, quando questo non accade, traesse la conclusione che si tratti di invidia?

In questo caso, la confutazione e *confrontazione* consiste nel chiedere al soggetto quali dati oggettivi abbia per ritenere che un certo comportamento dia dovuto ad un certo sentimento.

La *distorsione* da *equivalenza complessa* chiude la panoramica sulle *violazioni*, o semplificazioni, ossia meccanismi che il cervello adotta quando si tratti di rapportarsi alla *mappa*, o *struttura profonda*.

È importante rendersi conto del fatto che si tratta di meccanismi che tutti usiamo, e che non si tratta necessariamente di qualcosa di negativo, anzi, in molti casi si tratta di una strategia necessaria per elaborare in tempo utile le più rilevanti tra le miriadi di informazioni presenti nel subconscio. Diventano un problema solo quando portano a comportamenti disfunzionali a causa di connessioni arbitrarie.

Per questo motivo, quando approcciamo qualcuno con l'intento di aiutarlo ad ampliare la sua *mappa*, ossia a valutare comportamenti alternativi di fronte ad un certo evento, non dobbiamo assolutamente colpevolizzarlo per ciò che i suoi schemi mentali esprimono. Si tratta di meccanismi del tutto involontari, provenienti da esperienze immagazzinate nel *subconscio*, che come abbiamo detto è un'area difficile da raggiungere.

Quando parlo di *confrontazione*, non mi sto riferendo ad un terzo grado da commissariato di polizia. Quando un amico ci confida che "tutti lo odiano", non serve incalzarlo a fornire prove, deridendolo se non riesce a produrne. Occorre porsi come confidenti, non come giudici. Bisogna incoraggiare le persone a guardare dentro di sé, a smascherare la connessione neurale fallata, a riconoscerla per quella che è, ossia un artificio operato dal cervello basandosi su un concetto di base errato.

Questo vale per ogni campo di applicazione della PNL, che spazia dall'aiutare un amico in difficoltà al convincere un cliente dubbioso che, grazie all'acquisto dell'auto che desiderate vendergli, le persone lo vedranno come persona di successo.

Capitolo 4
I Soggetti: Età Mentale

Abbiamo definito la PNL come uno strumento, o meglio, una serie di strumenti, utili a comunicare con chiarezza e a predisporre le persone a aderire alle nostre convinzioni convincendole, di fatto, a comportarsi come desideriamo. Ho parlato di strumento, e non lo ho fatto a caso.

Il coltello è uno strumento, un utilissimo strumento. Mangiare una bistecca senza disporre di un coltello non è un'impresa agevole. Quindi il coltello è buono. Ma mettete un coltello in mano a Jack lo Squartatore, e potreste rapidamente cambiare idea. La PNL è qualcosa di molto simile ad un coltello. Nelle mani giuste porta successo e felicità, in quelle sbagliate rischia di diventare un pericoloso strumento di manipolazione mentale. Dipende dall'uso che se ne fa. In questo manuale naturalmente non spiegheremo come avvantaggiarsi danneggiando gli altri, ma questo non significa che non sia possibile farlo. Sta a voi agire secondo la vostra etica.

Fatta questa doverosa premessa, quando parliamo di PNL è assolutamente fondamentale rendersi conto che tutto ciò che la riguarda avviene a livello del nostro cervello, e pertanto è necessario capirne almeno i meccanismi di base. Il cervello umano è uno strumento meraviglioso, che si è evoluto nei millenni, trasformando una razza di scimmie nella specie che domina il pianeta, capace di partorire mirabolanti scoperte scientifiche e parimenti capace di produrre uno stuolo di disagi psicologici, più o meno gravi, quali i nostri progenitori non avrebbero mai e poi mai potuto immaginare.

Il cervello umano è un alleato prezioso, ma diciamolo: quando ci si mette, può essere anche un dannato impiccio. Assumiamo, lasciando per un attimo da parte il rigore scientifico, di dividere idealmente il cervello in una parte emozionale e in una parte razionale. Nonostante questi due aspetti della nostra personalità abbiano bisogno di collaborare, se vogliamo produrre il minimo costrutto sensato, in realtà sono poco in sintonia, e metterle d'accordo può rivelarsi un lavoraccio.

La parte razionale della nostra mente è legata ai concetti di intelligenza e di pensiero critico. È un qualcosa che abbiamo coltivato fin da piccoli, con l'aiuto dell'educazione ricevuta e basandoci sui valori etici innati che albergano in noi. La razionalità è cresciuta con noi, facendo tesoro d tutte le informazioni ricavate dall'esperienza vissuta. È una sorta di archivio, di biblioteca. Quando si presenta una necessità, quando dobbiamo operare una scelta, quando ci troviamo in difficoltà, ecco che la razionalità, rapidamente, scorre tutto l'indice dell'archivio della nostra esperienza, in cerca di informazioni utili per toglierci dall'impiccio.

Dobbiamo dirlo: si tratta di un processo istantaneo, e spesso molto efficace; di fatto, decine di volte al giorno lo utilizziamo senza nemmeno accorgercene. Per questo motivo, fin da piccoli, ci viene insegnato che la razionalità è la virtù principale dell'intelletto umano. Ci insegnano a leggere, a calcolare, a ragionare. Durante gli studi accumuliamo nozioni su nozioni per essere in grado, all'occorrenza, di fornire alla nostra razionalità le informazioni necessarie per cavarsela in qualsiasi frangente della nostra vita. Ottimo. E le emozioni? Ci hanno insegnato che possono rivelarsi controproducenti. Ci hanno definiti "emotivi" tutte le volte che si siamo dimostrati fragili di fronte a un problema.

Ritengo sbagliato, o quantomeno miope, dedicare interamente le proprie energie alla parte razionale della nostra personalità, quando nella stragrande maggioranza dei casi è quella emotiva che ci rende vulnerabili, che ci porta a fallire. La razionalità non ha il controllo assoluto delle emozioni. Quanti personaggi storici apparentemente inattaccabili sono caduti a causa di una debolezza, di una falla nel muro della razionalità, di una emozione sfuggita al controllo.

Quando le emozioni prendono il controllo della nostra mente, parliamo di irrazionalità. La mancanza di razionalità diventa a prescindere qualcosa da evitare, qualcosa che attribuiamo alle persone deboli. Ma le emozioni fanno parte della natura umana, non possiamo eliminarle e non possiamo farne a meno. Che senso ha, a questo punto, trascurare di coltivare la parte emozionale della nostra intelligenza?

È sbagliato attribuire invariabilmente al concetto di emozione i nostri fallimenti, le nostre difficoltà. Senza emozioni dovremmo affidarci esclusivamente alla razionalità, e sarebbe un'esistenza ben poco interessante. Faremmo solo ed esclusivamente quello che ci porta un tornaconto sicuro, frequenteremmo solo le persone che riteniamo utili, mangeremmo solo cibi che apportano i nutrienti più indicati per il nostro stato di salute.

Sono le emozioni che ci rendono affascinanti. Sono le emozioni che ci rendono superiori. Senza le emozioni non esisterebbe l'altruismo, faremmo solo quello che serve a noi. Non ci sarebbe la soddisfazione di un lavoro ben fatto, perché lo considereremmo la naturale conseguenza dell'impegno applicato. È l'emozione che ci spinge al successo anche quando le probabilità sono contro di noi e la fredda razionalità ci avrebbe spinto a desistere.

Per questo il campo di azione della PNL si estende verso entrambi gli aspetti della nostra personalità. Da un lato deve suscitare emozioni positive nell'ascoltatore a cui si rivolge, dell'altro deve saper convincere la sua parte razionale che ciò che stiamo proponendo è sensato e vantaggioso. Non è semplice, bisogna mantenere questo equilibrio delicato, basta un piccolo errore per rivelare le nostre intenzioni e rovinare tutto.

Il primo passo per applicare con successo qualsiasi tentativo di persuasione consiste nel sapere chi abbiamo davanti. Spostiamo l'attenzione, in particolare, sull'età della persona.

Cosa intendo? No, non mi sto riferendo all'età anagrafica.

Abbiamo già parlato di mente conscia e inconscia, ma qui vorrei provare a catalogare l'atteggiamento mentale dei nostri possibili interlocutori paragonandoli a tre fasi della crescita umana: quella del bambino, quella dell'adolescente e quella dell'adulto. Vi rovino subito la sorpresa: la PNL è particolarmente efficace se abbiamo davanti una mentalità da adulto. Negli altri due casi è molto meglio evitare anche solo di provarci. Oppure possiamo provarci, ma è bene essere preparati al fallimento, specie se non siamo particolarmente esperti.

Il Bambino Mentale

Il *bambino mentale* è il ritratto dell'egoismo.

Come mai chiamiamo bambino questa brutta persona? Non mi fraintendete. Non ce l'abbiamo con i bambini, nemmeno un po', nemmeno con quelli che corrono tra i tavoli al ristorante. Lo facciamo perché il bambino che dorme pacificamente nella propria culla è perfettamente ignaro di chi o cosa lo circondi. È, in effetti, la perfetta rappresentazione di una persona che pensa solo al proprio tornaconto personale e non è minimamente interessata alle esigenze altrui. La casa può andare a fuoco, ma lui è preso dal suo giocattolo nuovo, e non muove un dito per intervenire. Aiutare gli altri, condividere il proprio tempo, dispiacersi per i problemi di chi ha intorno, sono concetti del tutto sconosciuti. Di fatto, il *bambino mentale* è il sole di un sistema solare provo di pianeti.

Sono sicuro che tutti conosciamo almeno una persona che possiamo assegnare a questa categoria. Personaggi vuoti, meschini, egoisti fino al midollo, e perché no, narcisisti. Si tratta spesso di persone abituate ad avere tutto ciò che desiderano senza dover faticare per averlo, persone mai costrette ad affrontare le responsabilità delle proprie azioni, convinte della propria superiorità e del fatto che tutto sia loro dovuto.

In un bambino che frequenta l'asilo non c'è niente di male in questo atteggiamento. Se invece lo ritroviamo in un adulto, beh, le cose cambiano.

Altri aspetti di questo tipo di personalità sono l'incapacità o l'indisponibilità alla cooperazione. Non è piacevole averlo come collega in ufficio, perché tende a ignorare il lavoro svolto degli altri e sovrastimare il proprio. È una persona che tende a perdere tempo e al tempo stesso è incapace di pianificare il futuro. Vive in un presente popolato da tutti i capricci che riesce a soddisfare, senza porsi domande sulle possibili conseguenze delle proprie azioni.

Quello che abbiamo definito *bambino mentale* è totalmente preda della parte emotiva del cervello. La razionalità in lui è poco sviluppata. È preda delle emozioni, non riesce a dominarle. Al contrario, ne viene dominato, come una zattera in mezzo alle onde. Agisce in base all'umore e spesso non è in grado di spiegarsi per quale motivo abbia agito in un determinato modo, ammesso che si ponga la domanda.

Come riconosciamo *il bambino mentale*, quando lo incontriamo? Cerchiamo uno o più dei seguenti atteggiamenti:

• Spendono più di quello che guadagnano
• Si sentono al centro dell'universo
• Si sentono legittimati a fare tutto, ma per gli altri le regole valgono
• Prendono decisioni impulsive, salvo poi contraddirsi
• Una volta raggiunto il proprio scopo smettono di curarsi di chi li ha aiutati
• Hanno perennemente ragione. Quando hanno torto, non è colpa loro.

La PNL non risulta efficace con i *bambini mentali*. Certo, è possibile arrivare a loro facendo leva sulle emozioni. Ho detto possibile? In realtà è molto facile. Il problema è che queste persone non ascoltano mai veramente. Possono concordare con voi, ma un attimo dopo se ne sono dimenticate. Non riuscirete a lasciare il segno, a imprimere in loro un concetto, un'idea. Se non è possibile agire a livello razionale la PNL è inutile, come cercare di vendere enciclopedie porta a porta nell'era di Wikipedia.

L'Adolescente Mentale

Definirei l'adolescenza come una fase di presa di coscienza e di ribellione all'autorità al tempo stesso. È una fase invariabilmente delicata. Non siamo bambini, ma nemmeno siamo uomini. A dire il vero, non abbiamo la minima idea di chi siamo. Occorre prestare particolare attenzione alle scelte da compiere, perché uno sbaglio in questa fase può portare a situazioni spiacevoli in futuro.

Quali sono le differenze tra l'*adolescente mentale* e il *bambino mentale*? Ce ne sono diverse. L'adolescente, a differenza del bambino, ha acquisito consapevolezza. Si è reso conto che non tutto gira intorno a lui. Ci sono altre persone, tutti hanno le proprie esigenze, ignorarle non è realistico. Al tempo stesso, si è reso conto che a un'azione corrisponde una reazione; positiva, se ci siamo comportati bene, negativa se, al contrario, ci siamo comportati male.

Per questo motivo l'adolescente ha imparato a negoziare, a trovare dei compromessi, a cercare di manipolare le persone per ottenere quello che vuole, a prendere in considerazione l'idea di mentire per sfuggire alle conseguenze negative delle sue azioni. Ha capito che non sempre è buona idea esporsi in prima persona, meglio mandare avanti qualcun altro, vedere cosa succede e poi scegliere se prendere posizione o meno.

Una volta di più, questi comportamenti sono del tutto naturali nel complicatissimo momento dell'adolescenza, ma ci si aspetta che tendano ad equilibrarsi in una persona adulta. Di fatto, l'*adolescente mentale* è un manipolatore. Al contrario del bambino, l'*adolescente mentale* è emotivamente carente. Basa tutte le sue scelte sulla razionalità. È un calcolatore, tutte le sue decisioni sono ponderate e governate dal tornaconto personale. Non è una persona di cui fidarsi, sarà al nostro fianco finché lo ritiene utile, pronto a cambiare bandiera se appena intravede un maggiore vantaggio personale. Tutto ciò che fa per gli altri deve ricevere una ricompensa. Aiutare una persona in difficoltà non gli porta alcuna soddisfazione, se alla fine rimane a mani vuote. Se agisce in modo scorretto, ne è perfettamente consapevole e lo fa solo dopo aver ideato un modo per scaricare la colpa su qualcun altro

Come riconosciamo questi loschi personaggi? Quali sono i loro atteggiamenti tipici?

- Non riconoscono la gerarchia, ma la rispettano per tornaconto personale
- Sono emotivamente dipendenti da altre persone, ma non lo ammettono
- Preferiscono nascondere i loro pensieri per non scontentare nessuno e trarne vantaggio
- Non raccontano mai tutta la verità, solo ciò che risulta funzionale alla situazione
- Sono abilissimi nel trovare scappatoie alle loro malefatte, è difficile coglierli in fallo

Di fatto, la vita dell'*adolescente mentale* di svolge in un castello di bugie e compromessi. Si tratta di una esistenza macchinosa, dove anche la più semplice decisione viene accuratamente soppesata per valutarne la effettiva convenienza. Anche l'atteggiamento e il comportamento vengono costantemente tenuti sotto controllo, in modo da risultare gradevoli alle diverse che capiti di incontrare e trarne sempre il massimo del vantaggio.

Queste persone non conoscono il concetto di spontaneità, che confondono con quello di avventatezza. Non una singola scelta viene compiuta su base istintiva, tutto è frutto di calcolo. Le buone azioni sono tali sono se sono vantaggiose per entrambe le parti. Le parole giusto e sbagliato vengono sostituite da utile e inutile. Avete presente qual compagno del liceo, vostro compagno di banco da anni, che quella volta che gli avete chiesto in prestito la Playstation per un paio di giorni vi ha risposto: "e tu cosa mi dai"? Ecco, è lui.

Possiamo inquadrare, come nel caso di persone reali, l'*adolescente mentale* come una parziale evoluzione del *bambino mentale*. Parziale perché, nonostante l'accresciuta consapevolezza, c'è una forma di rifiuto di base. D'accordo, anche gli altri hanno esigenze, ma le prendo in considerazione solo quando non minacciano le mie. D'accordo, le mie azioni hanno delle conseguenze, ma farò di tutto per nascondere o negare ciò che ho fatto, in caso dette conseguenze dovessero rivelarsi negative per me.

L'accettare che non possiamo avere tutto, l'accettare che quando sbagliamo dobbiamo accettarne le conseguenze, sono proprio i passi che trasformano l'adolescente in adulto. In questa ulteriore evoluzione i sentimenti, messi da parte nell'evoluzione da bambino a adolescente, tornano a riaffacciarsi. Quando il tornaconto personale smette di rappresentare l'unico scopo dell'esistenza, ecco che cerchiamo soddisfazione nei rapporti con le persone che abbiamo accanto. Ecco che scopriamo la stima, l'amicizia, l'affetto l'amore.

Vale la pena di applicare la PNL quando interagiamo con un *adolescente mentale*? Potrebbe rivelarsi una bella sfida. Un *adolescente mentale* con caratteristiche fortemente manipolatorie potrebbe avere la meglio su di noi, potremmo non riuscire a convincerlo perché è abilissimo a valutare il pro e il contro delle cose. Un *adolescente mentale* che cerca di sfuggire alle sue responsabilità è sicuramente più malleabile, perché la sua esigenza di scappare dalle conseguenze delle sue azioni lo obbliga a prestare minore attenzione ad altri fattori. La difficoltà in questo caso sta nell'impossibilità di fare leva sul suo lato emotivo. Non riuscirete a convincerlo facendolo stare bene con sé stesso; dovrete dimostrare, dati alla mano, che fare ciò che desiderate lo aiuterà ad uscire dalla sua situazione problematica.

L'Adulto Mentale

I primi adulti con i quali entriamo in contatto sono i genitori. Ne dipendiamo totalmente, pertanto sono i sovrani assoluti del nostro mondo. Severi ma giusti, amici, confidenti, alleati, tiranni, tutto allo stesso tempo. È superfluo dire che, nel bene o nel male, i genitori sono le figure maggiormente influenti della nostra vita. Spesso si finisce per assomigliare ai genitori; non solo dal punto di vista fisico, ma, soprattutto, da quello mentale, sia nei pregi che nei difetti. Oppure, al contrario, per reazione prendiamo una strada totalmente diversa. Nei casi estremi, genitori disfunzionali possono dare origine a personalità disturbate, anche in modo grave. Avete presente *Psycho*, e la mamma di Norman Bates? Ecco, qualcosa di simile.

Lasciando perdere gli esempi cinematografici, prendiamo il caso di un genitore che ha la tendenza a innervosirsi e urlare. Penso che sia un esempio che conosciamo tutti, e quando cresciamo lo capiamo meglio. Dopo una giornata di lavoro, magari neanche troppo ricca di soddisfazioni, siamo stanchi morti, ci basta poco per perdere la pazienza. Dal punto di vista di un bambino si tratta di un piccolo terremoto, che si risolve in un attimo perché i genitori sanno benissimo come gestire la situazione. Se però il genitore è un violento per natura, le cose cambiano. Se abbiamo una personalità particolarmente equilibrata, tendiamo a distaccarci dal modello e, facilmente, cercheremo di imparare dall'esempio negativo e di diventare adulti tranquilli e pacati. Ma potremmo anche arrivare, pur temendola, ad ammirare questa figura che ottiene ciò che vuole con la violenza, e a decidere di diventare ancora più violenti per essere noi, in qualche modo a sottometterla.

In realtà, gli adulti non sono altro che persone, diverse le une dalle altre, con i propri pregi e difetti. Rispetto a bambini e adolescenti devono gestire una grande quantità di situazioni spesso scomode, cercando, per quanto possibile, di mantenere sé stessi e la loro famiglia. Non possono scaricare le loro responsabilità, e al tempo stesso hanno bisogno di rapportarsi con le persone in mezzo alle quali vivono. Sanno perfettamente che la propria gratificazione personale non è sempre raggiungibile, e hanno imparato a tratte soddisfazione dalla felicità dei loro cari.

Bene, dopo questa premessa, vediamo di introdurre le caratteristiche dell'*adulto mentale*. Mi limito a due punti essenziali:

- Non è sempre possibile ottenere ciò che si vuole, esattamente come o si vuole
- I rapporti con le altre persone sono fondamentali e vanno gestiti al meglio

L'*adulto mentale* ha imparato che è giusto sognare e progettare, ma bisogna sempre fare i conti con la realtà. A differenza del bambino e dell'adolescente, gioisce del parziale conseguimento di un successo, perché conosce bene il fallimento, e ha da tempo capito che si può sempre migliorare, e che un passo avanti, per quanto piccolo, è qualcosa di prezioso. Al tempo stesso, ha imparato ad accettare il fallimento senza scaricare necessariamente la colpa su genitori, superiori o simili. È capace di analizzare i propri insuccessi e di riconoscere i propri errori, e trarre giovamento da queste informazioni.

Per quanto riguarda i rapporti con gli altri, l'evoluzione è ancora più netta rispetto alle altre due figure mentali viste in precedenza. A differenza del *bambino mentale*, l'adulto ha imparato il valore dell'indipendenza. Prende le sue decisioni in autonomia, nella totale consapevolezza che, se è vero che il fallimento sarà solamente suo, lo sarà anche l'eventuale successo. Ciò nonostante, non disprezza i consigli di chi ha più esperienza di lui, li accetta e li valuta con onestà intellettuale. Rispetto all'*adolescente mentale*, ha imparato ad apprezzare il rapporto umano, al di là del tornaconto e dell'utilità pratica. È perfettamente conscio del fatto che certe conoscenze possono essere utili, ma apprezza la compagnia degli amici e non li sceglie in base alla convenienza. Ha capito che percepire lo stipendio del proprio superiore implica anche assumersene la responsabilità, e il fatto che lui non possieda tutte le nostre conoscenze tecniche non lo rende inferiore a noi. L'*adulto mentale* sa accettare sé stesso con i propri pregi e difetti: esprime le proprie opinioni con rispetto per quelle altrui, ma non le nasconde; non appoggia le idee altrui per ottenere vantaggi pratici, ha imparato che alla lunga è una tattica che non paga.

Ora so che voi direte: io conosco un sacco di adulti che non hanno tutto questo buonsenso. Certo, avete perfettamente ragione, l'*adulto mentale* è una idealizzazione. Quando parliamo di applicazione della PNL a un *adolescente mentale*, non stiamo parlando di molestare ragazzini all'uscita della scuola; ci riferiamo all'interazione con adulti che presentino tratti caratteriali affini a questo modello. Tenete conto che chi vi sta parlando, pur avendo da tempo superato l'età della maturità, ha l'abitudine di non uscire di casa se sente il rumore di altre persone sul pianerottolo. Ditemi voi se questo non è un comportamento da *adolescente mentale*.

Detto questo, finalmente possiamo affermare che l'*adulto mentale* è la persona ideale alla quale applicare la PNL. L'*adulto mentale* presenta l'ideale equilibrio tra ragione e sentimento di cui parlavamo all'inizio del capitolo. È possibile generare il suo entusiasmo per ottenere la sua attenzione e, successivamente, utilizzare il ragionamento per convincerlo della fondatezza di quanto affermiamo. Se siamo stati abili, le emozioni del nostro interlocutore andranno a rafforzare la convinzione che abbiamo operato a livello razionale, magari cancellando qualche piccolo dubbio residuo.

Una doverosa precisazione. Queste sono indicazioni di massima, non rigidi dettami. Le tre personalità che abbiamo esposto sono casi idealizzati, ma in realtà le persone presentano aspetti caratteriali molto meno definiti. Ci sono *adulti mentali* che, quando si tocca determinati argomenti, regrediscono verso una delle altre due categorie, e viceversa. Dipende da moltissimi fattori, tra cui l'educazione ricevuta e le esperienze del vissuto. Sta all'abilità e all'intuito del praticante della PNL accorgersi di questi aspetti e sfruttarli, o al contrario evitarli, a seconda delle necessità.

Capitolo 5
I Soggetti: Visivo, Auditivo o Cinestetico?

Lasciamo da parte le distinzioni legate al concetto di età mentale, e operiamo una diversa catalogazione, basata sulle caratteristiche sensoriali di interpretazione della realtà; distinguiamo, ossia, in base alla tipologia di sistema rappresentazionale.

Ciò che noi percepiamo non è, in effetti, la realtà, intesa in senso oggettivo. Tutti gli esseri umani sono dotati di cinque sensi: vista, udito, gusto, olfatto e tatto. La realtà percepita da ciascuno di noi è proprio la reinterpretazione operata dalla nostra mente degli stimoli ricevuti a livello sensoriale. Se è vero che tutti siamo dotati dei medesimi cinque sensi, non significa però che li usiamo tutti allo stesso livello; ognuno di noi ha dei sensi preferenziali, alle percezioni dei quali attribuisce un valore maggiore. Avrete notato che ci sono persone che tendono ad annusare tutto, o a toccare tutto. Altre sono disturbate da rumori che magari noi non avevamo nemmeno percepito, prima che ce li facessero notare.

Operiamo, dunque, una distinzione in tal senso, e dividiamo i possibili soggetti a cui applicare le tecniche persuasive della PNL in soggetti *visivi*, *auditivi* e *cinestetici*.

Naturalmente, tutti noi comunichiamo e percepiamo attraverso ogni canale, non ne usiamo uno esclusivo; quando operiamo questa distinzione, ci riferiamo al canale preferenzialmente utilizzato, a quello a cui diamo maggiore importanza nel momento che ci accingiamo a interpretare la realtà che ci circonda.

Il Soggetto Visivo

La categoria dei *soggetti visivi* accoglie la maggior parte delle persone. Nel mondo occidentale addirittura, costituirebbero il 55% della popolazione.

Il *soggetto visivo*, lo avrete immaginato, basa in buona parte la sua percezione del mondo esterno sul senso della vista. È il tipo di persona che nota i dettagli e li ricorda a lungo. In questo senso, non solo è dotato di ottima memoria fotografica, ma tutte le sue rappresentazioni mentali hanno forma di immagine.

Sicuramente, tra i vostri conoscenti, c'è qualcuno che, quando deve spiegarvi la strada per raggiungere un luogo in auto, vi fornisce un sacco di indicazioni tutto sommato superflue, del tipo: "hai presente quando passi accanto al negozio di fiori, quello con la tenda verde, subito dopo quel bar che la sera accende quella luce blu lampeggiante? Ecco, devi proseguire ancora". Noi magari desideravamo sapere solamente quale fosse la via da percorrere, e quando svoltare a sinistra, pertanto consideriamo totalmente inutili queste informazioni; anzi, ci distraggono. Al contrario, il *soggetto cinestetico* vive in una realtà costituita da immagini in sequenza, un po' come la proiezione di una serie di diapositive.

Si tratta di persone spesso brillanti, con una buona parlantina, che tendono a pensare seguendo un flusso di immagini, come se fosse un film proiettato nella loro mente. Parlano veloci perché cercano di stare al passo con la sequenza che, idealmente, stanno visualizzando. Spesso gesticolano, e lo fanno in modo rapido e incontrollato; è come se tentassero di disegnare le loro idee, perché danno per scontato che anche le altre persone preferiscano visualizzare i concetti, piuttosto che, per esempio, ascoltarli.

Le persone *visive* hanno, e ce lo potevamo aspettare, una notevole memoria fotografica. Quando studiano, ricordano in che punto della pagina sia contenuta una certa informazione. Sono ottimi osservatori, ricordano dettagli anche trascurabili. Difficilmente si perdono per strada, perché, come dicevamo, basta loro un particolare per riuscire a capire tutto.

Non sempre questo è un aiuto, peraltro. Il fatto di essere, in una certa misura, costretti a notare ogni dettaglio potrebbe portare e perdere di vista il senso generale delle cose. Il *soggetto visivo* fa maggiore fatica a comprendere quali informazioni siano essenziali, perché ha il vizio di memorizzare tutto ciò che vede. Senza contare che ha facilità a distrarsi se attorno a lui capita qualcosa, perché si ritrova, in una certa misura, costretto a prendere mentalmente nota di immagini che tutto sommato non lo riguardano.

Le persone che utilizzano il canale *visivo* tendono a esprimersi di conseguenza. Non diranno: "ho capito la tua idea", ma piuttosto: "ho chiaro il quadro mentale". Non diranno: "devo capire", ma piuttosto "ho bisogno di fare luce". Di conseguenza, dal momento che lo scopo della PNL è proprio quello di generare empatia nell'ascoltatore, dovremo anche noi avvalerci di questo tipo di espressioni quando comunichiamo con un soggetto di questo tipo.

Il *soggetto visivo* è spesso impulsivo, tende a prendere decisioni rapire: per convincerlo dovremo letteralmente dipingere un'immagine; pennellate rapide e decise, che gli permettano di vedere chiaramente nella mente il concetto che vogliamo fargli arrivare. Se siamo in grado, con poche parole, di evocare una scena vivida nella sua immaginazione, beh, il gioco è fatto.

Il Soggetto Auditivo

A differenza del *soggetto visivo*, quello *auditivo* ha grandissima facilità a ricordare dettagli legati a cose che ha sentito dire, a suoni, a rumori. Potrebbe essere impegnato in una conversazione animata, ma se qualcuno accanto a lui mormora qualcosa, bene, lui la ricorderà. Si tratta di un potenziale campione di quei giochi a premi in cui si deve indovinare una canzone a partire da qualche nota; per lui è ampiamente sufficiente, la sua mente è estremamente reattiva a questo tipo di stimolo sensoriale.

Il *soggetto auditivo* ha grande facilità di immaginazione legata ai suoni. Quando immagina una situazione, più che vederla la ascolta. Se gli parlate di un paesaggio di montagna, lui sentirà lo scroscio di una cascata o il rintocco delle campane. Quando ha fame, penserà al rumore di una bistecca che sfrigola sulla griglia, o al tintinnio di posate e bicchieri. È probabilmente un ottimo ballerino, perché percepisce il ritmo in modo molto chiaro e definito.

Possiamo riconoscere un *auditivo* innanzitutto ascoltandolo quando parla. Il *soggetto auditivo* non mostra quasi mai la concitazione e la fretta tipiche invece del *soggetto visivo*; al contrario, parla lentamente, con tono armonioso, dando l'impressione di trarre piacere dall'ascolto della propria voce. Anche la gestualità è caratteristica; le mani vengono utilizzate per scandire il ritmo della conversazione, un po' come se si stesse dirigendo una orchestra immaginaria. L'*auditivo*, in effetti, è un oratore nato; ricorda molte parole inusuali, erudite, perché gli basta averle ascoltate una volta; conosce il valore delle pause e le usa con maestria, e non resta mai senza fiato; il suo ragionamento è musica, e quando parla ne segue il ritmo. Quando è particolarmente interessato a ciò che una persona sta dicendo, più che fissarla l'*auditivo* tenderà a girare leggermente le testa per porgere l'orecchio, nel tentativo di non perdere nemmeno una parola.

È importante fare caso ai modi di dire; l'*auditivo* che ha avuto una brillante idea non dirà mai: "mi si è accesa una lampadina", ma bensì "una vocina nella mia testa me lo ha suggerito". Se c'è poco zucchero nel caffè, dirà: "c'è una nota amara". Se non è convinto, dirà; "non mi suona bene". Il ragionamento poco chiaro, che per il *visivo* potrebbe essere "nebbioso", per l'*auditivo* diventerà: "discordante". E via dicendo.

Al contrario dei *soggetti visivi*, i *soggetti auditivi* sono spesso persone riflessive e tranquille, che non si fanno mai dominare dall'istinto. Quando fanno una scelta, la fanno solo dopo averla ponderata a fondo. Non è semplice convincere rapidamente una persona di questo tipo, perché tende a non dare fiducia immediata. Deve, innanzitutto, conversare (letteralmente) con sé stesso, e solo dopo aver ascoltato la propria voce interiore si deciderà a intraprendere una direzione.

Mai come in questo caso, retorica e dizione sono decisive per fare presa su chi abbiamo davanti. Non abbiate fretta, e soprattutto curate l'intonazione e il ritmo del discorso. Non vi lasciate sfuggire frasi imprudenti, evitate le contraddizioni, perché il *soggetto auditivo* ricorderà tutto quello che avete detto; se una vostra parola non lo ha convinto, resterà impressa nella sua mente. Per questo motivo, è bene preparare con cura ciò che desideriamo dire; meglio non improvvisare. Bisogna sfruttare al meglio il potere della parola. Avete presente il proverbiale "discorso che fila"? È il modo migliore per porsi nei confronti di queste persone.

I *soggetti auditivi* risulterebbero costituire il 20% della popolazione mondiale

Il Soggetto Cinestetico

Le persone che si avvolgono di questo sistema rappresentazionale tendono ad analizzare la realtà utilizzando i sensi rimanenti: gusto, tatto, olfatto.

In ogni gruppo di amici c'è una figura, un po' fastidiosa, che ha il vizio di afferrare per un polso la persona con cui parla, o magari ad appoggiare il braccio sulle sue spalle. Oppure, ancora, quel tipo di persona che, la prima volta che entra in casa vostra, inizia a toccare tutto quello che vede, andando al di là del concetto del "fare come a casa propria". Di solito ci limitiamo a catalogare queste persone come "invadenti", ma probabilmente ci troviamo di fronte ad un *soggetto cinestetico*.

Un altro tipico esempio di *soggetto cinestetico* è quello che prova una forte emozione a seguito di una percezione sensoriale. Quello che, quando mangia un piatto che gradisce particolarmente, esclama: "questo mi riporta a quando mia nonna cucinava per me", oppure che, nel percepire un profumo, commenta: "mi ricorda la mia ex".

Si tratta di persone che danno fortissima importanza a queste percezioni maggiormente materiali, di fatto collegandole alle varie circostanze della vita; per loro un odore o un sapore hanno un potere evocativo fortissimo, che letteralmente li catapulta in una situazione passata, riportandone alla memoria dettagli che sembravano dimenticati.

In conseguenza della sua modalità di interpretazione della realtà, il tipico *soggetto cinestetico* è emotivo e nostalgico; al tempo stesso appare riflessivo, intento com'è ad assaporare ogni sensazione tattile, gustativa e olfattiva. Si tratta di persone affettuose, sanguigne, che cercano il contatto fisico. Non sono particolarmente attente ai dettagli, sono estroverse e impulsive, e amano provare emozioni forti.

Chi è *cinestetico* tende a respirare in modo marcato e a usare il proprio corpo come una sorta di amplificatore dei propri pensieri. Più che gesticolare, picchiettano, tamburellano. Anche il loro modo di esprimersi rilette la loro tendenza ad affidarsi a sensazioni concrete; "tagliare la testa al toro", "spaccare il capello in quattro", "gettare il cuore oltre l'ostacolo" sono tipiche espressioni che potrebbero usare. Quando sono insospettiti da qualcosa, sentono "puzza di bruciato". Il conto è "salato", la vittoria è "dolce".

Basta poco per far arrabbiare un *soggetto cinestetico*; fortunatamente, basta poco anche per trasformarlo nel vostro migliore amico. Si tratta del tipo di persona che prima agisce e poi riflette. Per entrare nelle loro grazie e, in generale, per convincerli della bontà del nostro ragionamento, occorre fare leva sul loro lato emotivo, dimostrandovi spontanei e appassionati.

Non perdete tempo, non dilungatevi, non lasciate troppo tempo alla riflessione; cogliete l'attimo, perché il *soggetto cinestetico* ha poca pazienza, si annoia facilmente e può cambiare idea senza preavviso.

Chiudiamo qui questa breve trattazione sulla categorizzazione delle persone in base al *sistema rappresentazionale*. Quando applichiamo le tecniche di PNL ad una persona, risulta di estrema utilità capirne la natura, in modo da essere efficaci nel generare l'empatia necessaria per convincerla ad assecondare le nostre richieste. Ora, abbiamo già premesso che non si tratta di una categorizzazione rigida. Le persone possono presentare caratteristiche caratteriali appartenenti a più di una categoria. Al tempo stesso, non è detto che la medesima tecnica di approccio, valida per un *soggetto cinestetico*, debba fallire con un *soggetto auditivo* o *visivo*. Probabilmente si potrebbe incontrare maggiore difficoltà, ma non è detto. In realtà questa classificazione deve essere intesa come un aiuto per capire, in un determinato momento, quale sia l'aspetto caratteriale sul quale fare leva, sempre ricordando che non esistono due persone una uguale all'altra.

Qui, come nell'applicazione di qualsiasi strategia, la sensibilità e la bravura di chi la applica sono determinanti.

Capitolo 6
Il Linguaggio del Corpo

Credo che, quando sentiamo parlare di linguaggio del corpo, tutti noi pensiamo a qualche agente federale americano che, durante l'interrogatorio di un sospettato, riesca a capire se stia mentendo o meno in base a segnali apparentemente trascurabili, come la posizione delle spalle, i movimenti delle mani, e via discorrendo.

Al di là delle esasperazioni hollywoodiane, il linguaggio del corpo è una realtà. Non sto dicendo che tutte le persone si comportino allo stesso modo quando provino una determinata emozione, ma ci sono regole empiriche che hanno dato buona prova di essere affidabili, almeno in buona parte.

Nonostante non possiamo, leggendo questo o altri libri più specifici, imparare a leggere la mente, è innegabile che la capacità di interpretare i principali segni non verbali possa essere di grande aiuto nel cercare di capire cosa una persona stia provando in un determinato momento.

Abbiamo già affermato come l'efficacia della PNL si basi sulla capacità di generare empatia nell'ascoltatore, in modo da predisporlo favorevolmente nei nostri confronti. Risulta quindi evidente come conoscere i rudimenti della lettura del linguaggio del corpo possa essere un valido aiuto per scegliere la migliore strategia di approccio e avere successo nell'applicazione delle tecniche illustrate.

Detto questo, non siate superficiali. Non traete conclusioni affrettate. Tenete presente il contesto. Lo stesso gesto in due momenti diversi potrebbe avere significati diversi. Usate le indicazioni che seguono come suggerimenti, non regole.

Per una trattazione dettagliata vi rimando ad altri manuali dello stesso autore maggiormente specifici, tra cui *Il Linguaggio del Corpo* e *Come Analizzare le Persone*; mi limito qui a una serie di indicazioni relative alla situazione nella quale stiamo dialogando con un'altra persona, in piedi uno di fronte all'altro, in una situazione neutra, come potrebbe essere la sala di un albergo o il corridoio di una struttura pubblica.

Linguaggio Non Verbale

• Se il tuo interlocutore guarda dritto negli occhi, generalmente possiamo affermare che stia mostrando interesse per quello che gli stai dicendo. Si tratta di un segnala abbastanza inequivocabile, come, al contrario, la tendenza a guardare altrove comunica molto probabilmente disinteresse, se non noia. Lo stesso vale per chi, mentre gli si parla, si passa frequentemente la mano sul viso o tra i capelli. Cercate di evitare questa gestualità, potreste generare irritazione. Non menziono neanche cellulari, SMS, social network. Mai e poi mai.

• Se da un lato chi nasconde lo sguardo potrebbe non essere interessato a quello che stiamo dicendo loro, o essere distratto da qualcosa che ritiene più interessante, c'è anche la possibilità che il nostro interlocutore stia semplicemente provando a nascondere i suoi sentimenti. Ricordate di non cercare mai di forzare il contatto visivo. È in genere percepito come un segno di aggressività che porta le persone a chiudersi in sé stesse o, ancora, ad assumere a loro volta un atteggiamento aggressivo.

• Se vi capita di stringere la mano ad una persona, ci sono varie cose a cui prestare attenzione. Se l'altra persona cerca di spostare la sua mano più in alto della vostra, con il palmo risolto verso il basso, così da spingere giù la vostra, si tratta di una personalità predominante, che facilmente cercherà di imporsi su di voi. Lo stesso vale per una persona che applicherà una forza eccessiva, di fatto stritolandovi le ossa, o ancora per una persona che non vi darà tempo di stringere la sua mano, imprigionando nella sua la punta delle vostre dita. Al contrario, una stretta di mano molle, distratta, esprime remissività, timidezza, ma anche inaffidabilità. Chi non offre una vera stretta, ma si limita a toccare la vostra mano con la punta delle dita, potrebbe essere una persona subdola, inaffidabile.

- Chi, mentre parla, tiene le braccia incrociate, o abbassate di fronte a sé con i pugni chiusi, probabilmente è sospettoso, insicuro, e sta cercando di creare una sorta di barriera protettiva. Probabilmente sta pensando che, potendo, preferirebbe trovarsi altrove. Questa persona potrebbe aere pregiudizi verso di voi e, di conseguenza, essere difficile da convincere. Sappiate che adottare questo tipo di linguaggio corporeo è una delle cose peggiori da fare, se avete intenzione di convincere una persona ad aprirsi con voi.

- Prestate attenzione alla posizione della testa del vostro interlocutore. La testa abbassata esprime sospetto, chiusura. Se la sua testa è diretta altrove, nonostante lo sguardo sia diretta verso di voi, ci potrebbe essere qualcosa che lo distrae, o lo interessa maggiormente. Però sappiate che a volte le persone possono girare le testa per avvicinare a voi un orecchio, nel tentativo di non perdere una sola parola. Inclinare la testa da una parte all'altra esprime gradimento, o addirittura attrazione.

- Le gambe e i piedi dicono molto. Una posizione a piedi paralleli e vicini indica subordinazione, sottomissione; è tipica di persone timide, insicure. Al contrario, le gambe allargate dimostrano determinazione; una persona che assume questa postura è sicura delle proprie idee, potrebbe non essere facilissimo convincerlo che si sbaglia. Infine, prestate attenzione alla direzione dei piedi del vostro interlocutore; spesso indicano la direzione che desidererebbe prendere. Se i suoi piedi sono diretti altrove, probabilmente non vede l'ora di chiudere la conversazione.

- Chi è nervoso tende a sbattere le palpebre più del normale. Chi le sbatte raramente probabilmente sta compiendo uno sforzo per guardare in una certa direzione. Cercate di osservare anche le pupille del vostro interlocutore; se appaiono dilatate, probabilmente siete riusciti a interessarlo, se non addirittura a entusiasmarlo.

- Il sorriso esprime felicità ma non fidatevi eccessivamente. Se il sorriso è aperto e simmetrico, probabilmente è sincero; un sorrisetto laterale potrebbe denotare sarcasmo. Guardate anche gli angoli degli occhi; chi sorride sinceramente, generalmente presenta le caratteristiche "zampe di gallina".

- Mordersi le labbra in generale indica indecisione, insicurezza. Ponete attenzione agli angoli della bocca; se sono rivolti verso l'altro denotano soddisfazione. Attenzione: se il vostro interlocutore stringe le labbra, fino quasi a farle scomparire, lo state irritando, potrebbe provare disprezzo nei vostri confronti. È il caso di rivedere il vostro approccio.

- Aprire le mani mentre si parla comunica disponibilità e benevolenza. In genere, gesticolare eccessivamente denota insicurezza o agitazione; in effetti le persone calme e sicure hanno solitamente una gestualità misurata, controllata. Ponete attenzione all'altezza delle mani di chi gesticola; le mani all'altezza della vita indicano ragionevolezza, autocontrollo. Le mani ad altezza del petto potrebbero indicare sincerità, desiderio di convincere. Attenzione: se le mani del vostro interlocutore si agitano al di sopra delle spalle, beh, lo avete fatto arrabbiare, potrebbe essere in procinto di perdere il controllo.

- Toccarsi i capelli è un tipico segno di nervosismo, ma non interpretatelo necessariamente in modo negativo; quando si incrocia una persona dell'altro sesso, facilmente indica apprezzamento, attrazione.

Vediamo ora quali siano i segnali del corpo che potrebbero aiutarci a capire se una persona sta mentendo. Vi chiederete come mai io ne parli qui, in un contesto nel quale dovremmo essere noi a convincere gli altri, e non viceversa. Beh, è molto semplice. Come noi percepiamo i segnali altrui, vale anche il viceversa. Potremmo non avere di fronte un esperto in linguaggio non verbale, ma perché rischiare di porsi in modo sbagliato? Vediamo alcuni comportamenti che in genere vengono associati alla menzogna e che, di conseguenza, dovremmo evitare a tutti i costi.

- Tergiversare prima di rispondere a una domanda potrebbe indicare il tentativo di pensare ad una menzogna plausibile. Naturalmente dipende dalla domanda. Se chiedete ad una persona dove si trovava dodici anni fa in questo preciso momento, è naturale che ci debba pensare.

- Se notiamo discordanza tra ciò che dicono le parole e ciò che dice il corpo, il nostro interlocutore potrebbe stare mentendo.

- Se il vostro interlocutore nascondesse la bocca, potrebbe inconsciamente cercare di occultare la propria menzogna. Se poi nascondesse gli occhi, potrebbe inconsapevolmente tentare di nascondersi dalle conseguenze delle sue bugie.

- Se il vostro interlocutore si passa le mani sul viso, o si lecca le labbra, o tira il lobo di un orecchio, potrebbe mentire. Chi si rende conto di dover mentire entra in stato ansioso e, talvolta, la naturale risposta del sistema nervoso provoca una diminuzione dell'afflusso di sangue ad alcune parti del corpo, tra cui il viso, provocando raffreddamento o prurito. Fateci caso.

- L'effetto di una bugia sul naso delle persone potrebbe essere diametralmente opposto. La produzione nervosa di vasocostrittori potrebbe fa rigonfiare i tessuti interni del naso, portando chi mente a toccarlo o strofinarlo. Celebre, a questo proposito, uno studio sul comportamento di Bill Clinton durante la sua testimonianza davanti al Grand Jury, a proposito della sua relazione con Monica Lewinsky. Pare che il buon Bill si sia strofinato il naso per ben ventisei volte. Vorrà dire qualcosa?

- Abbiamo già parlato della direzione dei piedi; non so voi, ma se io stessi mentendo, inconsciamente vorrei prepararmi la ritirata, in caso di conseguenze spiacevoli. Se i piedi del vostro interlocutore puntassero lontano da voi, potrebbe stare mentendo.

- Fate caso a come si comporta un attore quando vuole interpretare la menzogna; sorriso forzato, denti stretti, sfregamento degli occhi. Sono segni tipici della menzogna, ma sappiate che ci sono persone che assumono questo atteggiamento quando vi disapprovano ma preferiscono sono dirvelo platealmente.

Ci tengo a precisare nuovamente che questi segnali non sono da interpretare in modo univoco, rigido. Non commettete l'errore di non considerare il contesto. Ci sono molte ragioni che potrebbero spingere una persona ad assumere un certo atteggiamento. Inoltre, non basatevi su un unico segno rivelatore. Certo, se ne rilevate diversi, allora le cose cambiano.

Capitolo 7
Mirroring

A questo punto, dopo aver chiarito quali siano gli intenti della PNL, quali siano le idee di base, a quali tipi di soggetti possa essere rivolta e con quali accortezze, iniziamo a esporre alcune delle tecniche maggiormente diffuse. Alcune di queste sono specifiche della dottrina esposta da Bandler e Grinder, altre vendono comunque incluse nella trattazione in quanto estremamente utili e interessanti.

La prima tecnica che andiamo a presentare è il cosiddetto *mirroring*. Si tratta precisamente di uno dei concetti non specificamente appartenente alla dottrina della PNL, ma ritengo molto interessante esporlo, dal momento che sul concetto di *mirroring* si basa uno dei capisaldi della *programmazione neuro-linguistica*, ciò che viene chiamato *rapport*. Di questo parleremo più avanti.

Fatta questa premessa, definiamo *mirroring*, o *body mirroring*, o ancora *rispecchiamento*, la tecnica persuasiva che, sostanzialmente, si basa sull'imitazione intenzionale del linguaggio verbale e non verbale del nostro interlocutore.

Si tratta di un qualcosa che, inconsciamente, noi tutti applichiamo. Provate a pensare a quando, specialmente da ragazzini, un vostro amico se ne usciva con un nuovo modo di dire, o un nuovo gesto o, perché no, una nuova parolaccia. Prima o poi, tutto il gruppo faceva propria questa novità. Come mai? Beh, istintivamente quando ammiriamo qualcuno e desideriamo entrare nelle sue grazie, ci avviciniamo al suo modo di esprimersi.

Naturalmente il *mirroring* è qualcosa di molto più sottile e complesso. Non siamo più ragazzini, imitare i modi di dire delle persone non è sempre una buona idea, anzi, spesso si risulta patetici. Anzi, dirò di più; la più grande difficoltà che incontriamo nell'utilizzare il *mirroring*, è proprio riuscire a passare inosservati, apparire totalmente naturali. Nel momento in cui il nostro gioco viene scoperto, finisce la magia.

Al contrario, se applicato sapientemente, il *mirroring* si rivela efficacissimo per entrare istantaneamente in sintonia con chiunque, anche con persone mai viste prima.

Come si applica il *mirroring*? Beh, innanzitutto, quando vogliamo interagire con qualcuno, dobbiamo affrontarlo. Posizionarci a distanza utile, ossia non troppo lontano, ma neanche troppo vicino, per non risultare invadenti. È fondamentale anche il contatto visivo; guardare una persona negli occhi significa manifestare la nostra attenzione, il nostro interesse.

Immancabilmente, inizierà una conversazione, uno scambio di battute. Cercate di sottolineare con movimenti della testa il vostro interesse e apprezzamento per ciò che il vostro interlocutore sta affermando. Non basta annuire distrattamente, fatelo con intenzione, e ripetete il gesto una, due, fino a tre volte.

Naturalmente, anche ciò che dite risulta decisivo. Cercate sempre di essere d'accordo con chi avete di fronte, ma cercando di simulare il meno possibile. Enfatizzate i momenti in cui concordate realmente, alleggerite la pressione quando non è così, mantenendo un atteggiamento generale di condiscendenza.

Che lo sappiate o meno, state già creando un legame. Ora, passate all'esame dei concetti di ritmo e volume. Prestate caso al modo in cui il vostro interlocutore si esprime; parla lentamente o velocemente? Mantiene il tono basso, o alza la voce e si agita? Adeguatevi. Se il discorso è impostato sulla voce alta, alzatela anche voi. In caso contrario, assumete un atteggiamento maggiormente confidenziale. Anche adeguare il ritmo del respiro o la velocità con cui sbattiamo le palpebre sono ottime strategie.

Cercate un segnale di puntualizzazione; si tratta del gesto che la persona che avete davanti utilizza per sottolineare i punti salienti del discorso. Potrebbe essere un movimento del dito indice, un sopracciglio che si solleva, un gesto della mano. Una volta che lo abbiate identificato, annuite tutte le volte che succede. Quando parlate, utilizzate lo stesso gesto per sottolineare la fine di una frase.

A questo punto dovreste trovarvi in profonda sintonia con l'altra persona. È possibile verificarlo. Provate, mentre parlate, a fare qualcosa di totalmente scollegato dal discorso. Che so, grattatevi la punta del naso. Se avete fatto le cose bene, il vostro interlocutore sarà portato a ripetere il gesto. Fate attenzione, rischiate di scoppiare a ridere, tanto la cosa è sorprendente. Non abusate mai di questo strumento di controllo. Una volta basta e avanza. Diversamente, rischiate di perdere la connessione o, peggio, di farvi scoprire.

Un ultimo suggerimento: replicate solo i segnali positivi, non quelli negativi. Cosa significa? Abbiamo detto, parlando del linguaggio del corpo, che ci sono segni di apertura e segni di chiusura. Vi ricordo brevemente che le braccia incrociate o i piedi che puntano altrove sono segnali di indisponibilità, di ostilità. Ebbene, non replicate mai questo tipo di linguaggio non verbale, perché otterreste precisamente il contrario di ciò che vi siete prefissi.

Capitolo 8
Swish

Lo *swish*, o *swish pattern*, è una delle più note tecniche in ambito PNL. Funzione principale dello *swish* è quella di aiutare le persone a perdere quelle cattive abitudini che sono talmente radicate nel loro essere da sembrare ormai parte della loro personalità.

Tramite lo *swish*, non solo è possibile perdere abitudini e schemi mentali disfunzionali, ma si riesce anche a sostituirli con abitudini e schemi nuovi e vantaggiosi. A che tipo di abitudini ci riferiamo? Beh, per esempio a quella di fumare, o di mangiare troppo e male, o di dare in escandescenze per un nonnulla, o ancora di mangiarsi le unghie. La lista potrebbe continuare all'infinito, ciascuno di noi sa meglio di chiunque altro quali siano i lati meno piacevoli del proprio carattere.

Come gran parte delle tecniche associate alla PNL, anche lo *swish* agisce sostanzialmente sulla parte subconscia della mente. In altre parole, lo *swish* imprime a fuoco nel subconscio delle persone una vivida immagine di sé stesse mentre praticano la nuova, buona abitudine, e dei vantaggi che ne conseguono. Se ricordate, è proprio dal subconscio che attingiamo gran parte dei nostri comportamenti e delle nostre reazioni; essere in grado di intervenire su questa parte della mente significa avere la capacità per cambiare il modo in cui affrontiamo le cose.

Passiamo ad una descrizione passo per passo dell'applicazione di questa tecnica. Occorre concentrazione e dedizione, e può essere vantaggioso svolgere il procedimento con l'assistenza di un terapeuta qualificato.

- Naturalmente, il primo passo consiste nell'identificazione dell'abitudine nociva che vogliamo eliminare. Sembra banale, ma senza questo primo passaggio, il tutto diventa una inutile perdita di tempo. Se non riteniamo negativa una abitudine, non saremo mai sufficientemente motivati, sufficientemente desiderosi di eliminarla o sostituirla. Se tutto sommato riteniamo che fumare sia, sì, pericoloso per la salute, ma che tutto sommato il rischio sia calcolato e che sigaretta e accendino siano qualcosa che fa parte della nostra personalità, e che senza ci sentiremmo persi, stiamo cominciando male.

- Il secondo passaggio consiste nell'individuare una pratica sostitutiva. Non è sempre possibile trovare una abitudine positiva che sostituisca quella negativa. Cosa possiamo sostituire al fumo? Probabilmente il sostituto migliore è il non fumo. In questo caso, bisogna visualizzare l'immagine di noi che saliamo agevolmente otto piani di scale senza ansimare, oppure l'immagine di casa nostra senza quegli orrendi posacenere pieni zeppi di mozziconi schiacciati. La sostituzione diventa più facile se stiamo cercando di modificare un atteggiamento, uno schema mentale, una reazione disfunzionale. Se abbiamo la tendenza ad aggredire chi ci contraddice, possiamo facilmente di immaginare un comportamento diverso; proviamo ad immaginare noi stessi mentre ascoltiamo con calma, ribattiamo educatamente esponendo il punto di vista, e chiudiamo il discorso con una battuta, o un sorriso.

- A questo punto, occorre identificare con esattezza cosa succeda nel momento in cui si presenta lo stimolo di cedere alla cattiva abitudine. Concentriamoci sulla circostanza, su ciò che proviamo subito prima, durante, e dopo aver ceduto. È fondamentale assaporare ogni sfumatura di questi momenti, perché dovremo successivamente replicarle nella nostra mente. Questo chiude la fase preparatoria.

- Ora, per passare alla tecnica vera e propria, occorre trovare un momento di relax, durante il quale possiamo sederci comodamente o sdraiarci, con gli occhi chiusi, senza essere disturbati. Possiamo immaginare di essere seduti in una sala cinematografica deserta, nella quale siamo l'unico spettatore presente. Ora cerchiamo di proiettare sul grande schermo bianco che abbiamo di fronte una immagine di noi nel momento in cui pratichiamo l'abitudine che vogliamo perdere. Immaginiamo tutti i dettagli, non importa se questo ci provoca imbarazzo. Grazie alla buona esecuzione della fase precedente, siamo in grado di immaginare la sensazione che stiamo provando il quel momento. Cerchiamo di aggiungere dettagli e colore alle immagini, di renderle il più vive possibile.

- Una volta raggiunta la vividezza desiderata, creiamo in un angolino, in basso, un piccolo schermo in bianco e nero, nel quale viene trasmessa la nostra immagine mentre pratichiamo il nuovo comportamento sostitutivo. Per forza di cose, questa immagine risulta debole, sfocata.

- È giunto il momento di operare lo swish: immaginiamo di prendere l'immagina positiva, piccola e sfocata, di allargarla fino a sovrapporla a quella negativa, di fatto coprendola, nascondendola; aggiungiamo colori, dettagli, suoni, e assaporiamo a fondo le sensazioni positive, la soddisfazione di vedere noi stessi felici e rilassati, mentre pratichiamo la nuova e positiva abitudine. Ripetiamo quest'ultimo passo più volte, cercando di farlo ogni volta più velocemente, finché non diventa del tutto naturale.

La procedura deve essere ripetuta più volte, per un certo periodo temporale. Il senso della cosa è imprimere nel nostro subconscio questa immagine positiva, di fatto rendendo abituale il comportamento che vogliamo sostituire. Quando il subconscio avrà assorbito e metabolizzato a dovere l'immagine che abbiamo impresso, di fatto la considererà qualcosa di abituale, e sarà lui stesso a suggerirla spontaneamente quando se ne presenterà necessità.

Avrete sicuramente notato come tutto questo procedimento si basi sull'immaginare scene visive, immagini. Ricordate la nostra divisione tra soggetti di tipo *visivo, auditivo* o *cinestetico*? Per quanto abbiamo detto, questa tecnica presenta la maggiore efficacia nei confronti di soggetti appartenenti alla categoria *visiva*. Queste persone, abituate come sono a pensare per immagini, avranno grande facilità a visualizzare nelle mente entrambe le situazioni, positiva e negativa, e a passare rapidamente da una all'altra. Altri soggetti, abituati a pensare basandosi su differenti percezioni sensoriali, faranno maggiore fatica, avranno bisogno di tempo maggiore.

Naturalmente, alcuni di voi staranno pensando che lo stesso risultato si può ottenere semplicemente praticando le nuove, buone abitudini, così da assaporarne i vantaggi, fino a che il subconscio non le trasformi in qualcosa di istintivamente suggerito. È una ottima obiezione, il problema è che non è sempre così facile. Una persona abituata a mangiare compulsivamente, fino a stare male, spesso non riesce ad abbandonare questa abitudine semplicemente grazie alla propria forza di volontà. Certo, può provare a mangiare in modo sensato e rendersi conto di quanto si stia meglio, ma lo *swish* rappresenta un validissimo aiuto per rafforzare le sensazioni di benessere, proiettandole nel futuro. Per una persona sovrappeso, riuscire a immaginare vividamente sé stessa come scattante e in forma, significa aver costruito l'atteggiamento mentale per riuscire ad ottenerlo. Ricordate che è il subconscio a dirci cosa fare o meno.

Faccio ora una importante precisazione; se mancano le basi, questa tecnica non funziona. E quali sono le basi? Beh, la cosa più importante è, come abbiamo detto, riconoscere come negativa, deprecabile, disfunzionale l'abitudine che ci proponiamo di abbandonare. Se immaginare di versarsi un doppio whisky appena entrati in casa evoca nella nostra mente immagini di noi come persona affascinante, una sorta di attore hollywoodiano che recita la parte di una persona affermata, di successo, che sa godersi i piaceri della vita, le cose si fanno difficili. Se vogliamo smettere di bere, dobbiamo innanzitutto voler smettere di bere. Sembra una ovvietà ma è così. Quando facciamo la spesa al supermercato, e riempiamo il carrello di cibo spazzatura, cosa immaginiamo, cosa proviamo? Vediamo noi stessi rilassati, sul divano, a sgranocchiare snack deliziosi mentre ci godiamo intere stagioni della nostra serie TV preferita? Oppure immaginiamo cosa succede la mattina successiva, con lo stomaco dolorante, la faccia gonfia, i pantaloni che non si chiudono, e una grandissima voglia di darsi per malati? Questo è determinante. Finché non siamo in grado di riconoscere le sensazioni negative legate al nostro comportamento attuale, non saremo nemmeno in grado di immaginare quelle positive dovute alle nostre future buone abitudini.

Prima di chiudere, un ultimo avvertimento; non bisogna esagerare. Il subconscio è raggiungibile, ma non è stupido. Quando evocate la bellissima immagine del vostro successo, oltre a renderla vivida, rendetela realistica. Non ha senso immaginare che smettendo di fumare voi otteniate benefici illimitati. Siate realisti. La vostra vita senza fumo non vi porterà a vivere su un'isola tropicale, in una bellissima villa con una cassaforte piena di denaro. Non evocate immagini irrealistiche, perché il subconscio le riconoscerà come tali e, avendole catalogate tra le fantasie, non le suggerirà mai come buone abitudini da consolidare.

Capitolo 9
Timeline

Nulla è certo nella vita, tranne la morte e le tasse. Questa frase, scherzosa e un po' sarcastica, mette in evidenza un fattore essenziale: sappiamo benissimo che il tempo non torna indietro. Dalla nascita alla morte, il tempo si trascorre lentamente ma inesorabilmente. Passano i giorni, le stagioni si susseguono, le persone più anziane di noi prima o poi ci lasciano, e noi stessi cambiamo irreversibilmente, invecchiando; a questo non c'è rimedio, è il naturale corso della vita.

Questo fatto, del tutto naturale, è causa di ansia e preoccupazione per moltissime persone. Può essere dovuto ad eventi traumatici del passato, che non riusciamo a metabolizzare, portandoli sempre con noi. Può essere legato alla paura di un futuro incerto, come all'angoscia di perdere le persone care e le figure di riferimento, e al dubbio di essere in grado di vivere una vita felice senza di loro. In tutti questi casi, la variabile tempo è qualcosa che facilmente crea problemi e moltissimi di noi. La PNL ha elaborato un concetto a questo proposito, denominato *timeline*.

La *timeline* è, letteralmente, la linea del tempo, ossia una rappresentazione mentale dello scorrere della nostra vita. Il praticante di PNL può, spiegando e spiegandosi come rappresentiamo il tempo nella nostra mente, imparare a gestire le sensazioni che ne derivano.

Il primo passo per riuscire a visualizzare la propria timeline consiste dare una collocazione mentale spaziale a concetti come nascita e morte, come passato, presente, e futuro. Questo non dovrebbe essere particolarmente difficile, dal momento che questa rappresentazione mentale è naturalmente insita in ciascuno di noi, dobbiamo solo imparare a riconoscerla.

Prima di procedere oltre, voglio farvi notare che, come nel caso dello *swish*, ci stiamo basando su rappresentazioni di tipo *visivo*; la *timeline* è, di fatto, un'immagine geometrica. Nuovamente, un soggetto con peculiarità *visive* si troverà avvantaggiato, rispetto ad un soggetto *auditivo* o a uno *cinestetico*, che dovranno faticare maggiormente, essendo meno abituati a rappresentare i concetti in modalità fotografica.

Detto questo, supponiamo che il soggetto sia in grado di arrivare a visualizzare nella propria mente la collocazione ideale dei momenti della nascita e della morte, e della linea che le collega. A questo punto, occorre chiedersi (o che il terapeuta ci chieda) dove poniamo, nello spazio che immaginiamo, noi stessi rispetto a questa linea immaginaria, indicando in quale direzione rispetto a noi posizioneremmo i concetti di passato e futuro.

L'esercizio a questo punto prosegue, cercando di collocare sulla linea i principali avvenimenti del passato, al tempo stesso rivivendone le sensazioni ed emozioni. Si può trattare di momenti belli, ma è particolarmente utile riuscire a collocare sulla linea del tempo i momenti dolorosi, quelli che ci hanno traumatizzato, quelli che ci portano a farci domande sul nostro futuro. Non è un processo semplice, richiede allenamento e concentrazione, perché la mente distorce i ricordi, ma questo non deve rappresentare un problema; ricordiamo sempre che a PNL non opera sulla realtà, ma sulla rappresentazione che ne facciamo; in questo senso, la nostra *timeline* non deve obbligatoriamente rappresentare una precisa cronologia della nostra vita; ma deve illustrare il modo in cui la nostra mente vive il passare del tempo

A questo punto, dovrebbe essere emersa una importante distinzione tra i soggetti, legata alla propria posizione nei confronti di questa immaginaria linea del tempo. Ci sono soggetti che pongono il passato dietro di loro, il futuro davanti, e collocano sé stessi sulla linea, come se ne fossero attraversati. Queste persone sono facilmente riconoscibili anche dall'utilizzo frequente di espressioni verbali come "voglio lasciarmi questo periodo alle spalle", oppure "ho davanti a me diverse difficoltà da superare". Definiamo questo individui *in line*. La seconda categoria di persone immagina la linea del tempo come se la stesse osservando dall'esterno, e posiziona il passato e sinistra, il presente davanti a sé e il futuro a destra. Definiamo queste persone *through time*.

Quali sono le caratteristiche principali degli appartenenti a queste due categorie? Premesso che non bisogna generalizzare eccessivamente, le persone *in line* vivono in un eterno presente, al quale sono fortemente ancorate. La linea del tempo li attraversa, come abbiamo visto, pertanto queste persone hanno difficoltà a superare i traumi del passato e l'ansia per il futuro, dal momento che, di fatto, collocano sé stessi sulla linea del tempo, e la vivono a fondo, essendone totalmente coinvolti. Al tempo stesso, la particolare prospettiva con la quale vivono il concetto di tempo genera una certa confusione, perché gli eventi del passato risultano tra loro sovrapposti, come quelli del futuro. Questo porta a difficoltà nel separare gli eventi gradevoli da quelli sgradevoli, perché le caratteristiche ne risultano mischiate; di fatto, il concetto di ricordo bello è quasi impossibile da isolare, inquinato dalle caratteristiche negative di altri ricordi sovrapposti.

Al contrario, la persona *through time* vive la linea del tempo con maggiore distacco, essendone, in effetti, un osservatore esterno. La diversa prospettiva permette di distinguere i ricordi con maggiore chiarezza, vedendo ogni singolo accadimento per quello che è, una tappa isolata dalla quale apprendere per migliorarsi.

Scopo della PNL, in questo caso, è aiutare le persone a esplorare la propria linea del tempo e imparare a collocarsi nei confronti di essa nel modo più vantaggioso per le diverse situazioni che si presentano. Questo spesso viene ottenuto grazie all'aiuto di uno stato ipnotico, o di trance, più o meno profondo. Grazie all'ipnosi, il soggetto riesce, da un lato, a esplorare con maggiore chiarezza la propria linea del tempo; dall'altro, acquisisce la capacità di avvicinarsi, allontanarsi, elevarsi al di sopra di essa, o posizionarsi direttamente al suo centro. Addirittura, è possibile spostarsi dalla prospettiva della visualizzazione *in line* a quella *through time*, nel caso fosse funzionale alla particolare situazione.

Qual è il vantaggio di sviluppare questa capacità? Beh, abbiamo evidenziato come una prospettiva *through time* sia particolarmente utile quando si tratti di vivere i ricordi con maggiore obbiettività, così da apprezzare a pieno quelli belli e isolare quelli brutti, traendone al contempo un utile insegnamenti per le difficoltà del futuro, che non sono più percepite come in groviglio inestricabile, bensì come una serie di scalini successivi, tutti superabili applicando quanto imparato dal proprio passato. D'altra parte, La prospettiva *in line* permette di godere appieno dei bei momenti presenti, senza dover per forza essere assillati da una visione d'insieme che non ci permetta mai di dimenticare i nostri errori passati e le nostre incertezze future.

Non esiste la giusta percezione della propria linea temporale, esiste quella più utile per il momento che viviamo. La capacità di modificare la propria prospettiva permette di godere appieno delle gioie e dei successi, e al contempo di distaccarsi dal dolore dei momenti difficili, mostrandoli per quello che sono, ossia singoli episodi all'interno di un cammino che ha regalato e continuerà a regalare anche serenità e soddisfazioni.

Capitolo 10
Ancoraggio

Anche se probabilmente non ce ne rendiamo conto, ogni giorno creiamo *ancoraggi*. Quando il profumo di un dolce ci riporta alla mente l'infanzia, quando le note di una canzone ci portano il ricordo di quella ragazza che frequentavamo tanti anni fa, quando l'odore del disinfettante rievoca in noi la sensazione sgradevole di quella volta che ci hanno postato in ospedale, tutti in questi casi stiamo sperimentando *ancoraggi* creati in passato, in modo del tutto involontario.

Ora, perché ne parliamo? Semplice. Abbiano fin qui affermato, più e più volte, come i nostri comportamenti siano, di fatto, generati da sentimenti ed emozioni legati al nostro subconscio. Ora, non sarebbe utile avere la possibilità di generare, in modo istantaneo, emozioni positive che ci permettano di reagire al meglio di fronte a quello che ci può accadere? Questo è precisamente ciò che si prefigge chi ricorre all'*ancoraggio*, che rappresenta indiscutibilmente una delle tecniche maggiormente utilizzate in ambito PNL.

Con gli esempi di cui sopra abbiamo presentato casi di *ancoraggio involontario*. Qui, invece, ci proponiamo di ancorare intenzionalmente un determinato stimolo ad uno stato d'animo positivo, in modo che, con il passare del tempo, ripetendo lo stimolo siamo in grado di riprodurre le sensazioni piacevoli di cui abbiamo bisogno. Inoltre, possiamo, con la medesima tecnica, rimuovere ancoraggi negativi che abbiano instaurato in passato, sostituendoli con qualcosa di piacevole.

Come si mette in pratica un *ancoraggio volontario*? Vediamo i passi principali.

- Cercare un momento di pace e tranquillità, nel quale siamo in grado di rilassarci e concentrarci.
- Evochiamo nella nostra mente una immagine piacevole, che faccia scaturire in noi sensazioni di gioia, di soddisfazione, di determinazione, o ciò che desideriamo o che riteniamo opportuno
- Provochiamo l'*ancoraggio* tramite uno stimolo fisico; potrebbe essere un pizzicotto sul dorso della mano, una tiratina al lobo di un orecchio, quello che preferiamo
- Ripetiamo l'operazione finché non avvertiamo che l'*ancoraggio* è stabilmente innescato.

Ovviamente non è qualcosa che si ottenga in dieci minuti, come per qualsiasi altra tecnica presentata in questo manuale; d'altronde, una volta instaurato, l'*ancoraggio* ha un funzionamento fulmineo; basta ripetere il gesto che abbiamo associato e saremo pervasi dalle piacevoli sensazioni che abbiamo scelto di ancorare.

Abbiamo detto più volte che la PNL costituisce uno strumento, o come ogni strumento può essere utilizzato in varie maniere, più o meno appropriate, a scopo benefico e malevolo. Qui vediamo un classico esempio di questo fatto, distinguendo tra *ancore manifeste* e *non manifeste*.

Parliamo di *ancora manifesta* quando, come abbiamo visto, creiamo un *ancora* su noi stessi, oppure un terapeuta ci assiste nel processo, con lo scopo di creare un efficace meccanismo che avremo a disposizione ogni qual volta ci possa necessitare.

Parliamo invece di *ancore non manifeste* quando siamo noi a creare un'*ancora* su persone ignare. Ad esempio, potremmo prendere l'abitudine, in ufficio, di dare una leggera pacca sulla spalla destra di un collega, ogni qual volta ci congratuliamo con lui per un successo meritatamente raggiunto. Successivamente, quando volessimo portarlo a concordare con noi o comunque ad agire come vogliamo, una leggera pacca sulla sua spalla destra lo porterebbe a sentirsi ben disposto nei nostri confronti e inconsciamente desideroso di accontentarci. Non molte persone conoscono e padroneggiano questa tecnica, ma da ora in poi prestate attenzione quando vi sentite toccare da un conoscente. È sempre meglio essere preparati.

Abbiamo, in questi esempi, sempre esposto casi di *ancore cinestetiche*. Ricordate la distinzione tra soggetti *visivi, auditivi* e *cinestetici*? L'*ancoraggio* è una delle tecniche che possiamo adattare a tutte le categorie di soggetti. Se abbiamo determinato di essere soggetti visivi, potremmo *ancorare* uno stato d'animo piacevole ad un'immagine, che potremmo ad esempio portare sempre con noi nel portafogli o nella tasca della giacca. Un *soggetto auditivo* reagirebbe meglio a stimoli quali suoni, parole specifiche, o ancora una canzone. Il *soggetto cinestetico*, come abbiamo detto, reagisce meglio ad uno stimolo fisico, come può essere il contatto, ma altrettanto bene potrebbe rispondere a stimoli sensoriali quali un sapore, o un odore.

Naturalmente lo stimolo, o *trigger* come viene definito in PNL, e l'*ancora* stessa, devono avere caratteristiche appropriate per essere funzionali. Cercare di ottenere benefici ancorandosi ad una esperienza di media intensità non è utile, perché la sua evocazione ci lascia indifferenti. D'altra parte, attenzione alla scelta del *trigger*; deve essere qualcosa di unico e molto specifico. Un *soggetto cinestetico*, di professione barista, che utilizzasse come *trigger* il profumo del caffè, non riuscirebbe mai ad utilizzare l'*ancoraggio* con successo, dal momento che, di fatto, questa percezione sensoriale lo accompagnerebbe di continuo, tutti i giorni. È bene scegliere un *trigger* facilmente replicabile. Associare uno stato di felicità al profumo di una determinata marca di schiuma da barba può risultare efficacissimo, a patto che ne disponiamo alla bisogna, e potrebbe risultare imbarazzante insaponarsi la faccia in pubblico prima di accingerci ad un compito impegnativo.

L'*ancoraggio* è una tecnica ricca di varianti, vediamone qualcuna tra le più diffuse.

Parliamo di *ancoraggio a catena* quando effettuiamo una serie di ancoraggi successivi. Ad esempio, se fossimo spaventati e desiderassimo passare ad uno stato di gioia, potremmo avere bisogno di più di un passaggio intermedio, trattandosi di emozioni particolarmente distanti tra loro. Ad esempio, dalla paura potremmo pensare di passare alla preoccupazione, dalla preoccupazione alla tranquillità, e infine dalla tranquillità alla gioia. È possibile realizzare questi passaggi andando ad ancorare le situazioni desiderate ad una serie di *trigger cinestetici* spazialmente vicini tra loro, come ad esempio vari punti dell'avambraccio che, premuti con un dito dell'altra mano, ci permetterebbero di saltare da un'emozione all'altra fino a portarci nello stato desiderato.

Una tecnica simile è quella dell'*ancoraggio a scivolo*. Si tratta di un procedimento difficile da implementare ma che, una volta correttamente stabilizzato, permetterebbe, ad esempio facendo scivolare un dito lungo l'avambraccio opposto, di dosare l'intensità della sensazione evocata, fornendo in questo modo un ulteriore grado di controllo.

Come ultima cosa, illustrerò brevemente due diverse tecniche per smantellare un *ancoraggio* disfunzionale, come ad esempio un determinato stimolo che provoca in noi sensazioni di panico. La prima tecnica, denominata *collasso*, consiste nell'associare volontariamente a questo stimolo sensoriale, tramite la tecnica che abbiamo illustrato precedentemente, uno stato d'animo diametralmente opposto, come potrebbe essere la tranquillità, o il rilassamento. Con la pratica, il medesimo stimolo andrebbe a generare due sensazioni diametralmente opposte, che andrebbero ciascuna ad annullare l'altra. La seconda, denominata *estinzione*, consiste nell'esporre continuamente il soggetto allo stimolo che provoca problemi, all'interno di situazioni neutrali, in modo de generare assuefazione allo stimolo medesimo che, in tal modo, arriva a perdere totalmente la sua efficacia.

Capitolo 11
Rapport

In apertura di questo manuale abbiamo dichiarato che viviamo in una società basata sulla comunicazione. Abbiamo altresì stabilito che comunicare efficacemente risulta vantaggioso in ogni aspetto della nostra vita. Accedere a questa comunicazione vantaggiosa è lo scopo primario della PNL, sia che la utilizziamo per tornaconto personale, che nel caso in cui sia un tecnico ad avvalersene per riprogrammare i comportamenti disfunzionali delle persone che segue. Effettivamente, l'empatia che si crea tra due persone che comunicano rappresenta la base necessaria per garantire l'efficacia delle varie tecniche che stiamo illustrando. In ambito PNL, questa empatia ha un nome: la chiamiamo *rapport*.

Possiamo tranquillamente affermare che il *rapport* è l'adattamento del *mirroring*, di cui abbiamo già parlato, al contesto ideologico della PNL.

In sostanza, definiamo *rapport* la relazione che si viene a creare quando due persone simpatizzano e si sentono portate a condividere idee, convinzioni, sensazioni, sull'onda di un rapporto di reciproca stima e fiducia. È qualcosa che può nascere spontaneamente, e sicuramente ciascuno di noi lo ha provato diverse volte nella vita. È il tipo di rapporto che nasce quando due persone diventano amiche, è la sensazione che spinge a cercare la compagnia di quello che, successivamente, diventa il migliore amico. Quando lui soffre, tu soffri. Quando lui ride, tu ridi. Empatia, per l'appunto.

Detto questo, in ambito PNL il *rapport* è qualcosa che può venire instaurato artificialmente, nel caso in cui se ne crei il bisogno. E il bisogno c'è, assolutamente, perché l'applicazione di una tecnica persuasiva senza poter contare sul *rapport* viene spesso percepita come tentativo di manipolazione, e chiaramente questo è qualcosa che vorremmo evitare a tutti i costi.

Prendiamo un esempio molto semplice, quello di un adulto che debba comunicare con un bambino, per spiegare il perché non sia giusto comportarsi in un certo modo. Che si fa in questo caso? Si cerca di entrare in empatia. Tutto viene adeguato; il tono della voce, la gestualità, addirittura l'altezza; viene istintivo inginocchiarsi, ve ne siete accorti? Facciamo di tutto per entrare in sintonia con la modalità espressiva del bambino, per fare sì che lui si senta a suo agio che sia ben disposto ad accogliere il messaggio che cerchiamo di fargli arrivare.

In PNL, per raggiungere il *rapport* si utilizza qualcosa di molto simile a ciò che, in altri ambiti, viene definito *mirroring*; la tecnica del *ricalco*.

Il *ricalco* consiste proprio nell'adattare il proprio linguaggio verbale e non verbale a quello dell'interlocutore, per entrare maggiormente e più rapidamente in sintonia.

Avendo già spiegato quali siano le tecniche principali di *mirroring*, per cui mi limito ad una veloce carrellata.

- Imitare la postura dell'interlocutore, i gesti, le espressioni facciali. Ricordare di non imitare i segni corporali di chiusura, per non generare reazioni controproducenti.
- Imitare il tono e il ritmo della conversazione; voce alta o bassa, pause, velocità del discorso.
- Fare proprie le espressioni tipiche, i modi di dire, riagganciarsi alle ultime parole pronunciate dall'interlocutore per iniziare le proprie frasi.
- Cercare di appoggiare idee e credenze dell'interlocutore. Certo, questo non è sempre possibile, me è bene cercare di sfruttare ogni possibile punto di contatto. Sicuramente è possibile trovare un aspetto, un dettaglio, un punto di vista che vi permetta di approvare ciò che il vostro interlocutore sta affermando.
- Individuare il segno di puntualizzazione della persona con cui parlate e farlo vostro, utilizzandolo per sottolineare i punti salienti di ciò che state dicendo.

- Utilizzare il meccanismo di controllo per verificare se il *rapport* è stato instaurato; ad esempio, utilizzare un gesto fuori contesto e verificare le l'interlocutore abbia o meno la tendenza a ripeterlo.
- Non esagerare, mantenersi credibili. Imitare difetti di pronuncia, tic e simili è una pessima idea. Ma anche una imitazione smaccata di altri espetti del linguaggio verbale o non verbale è controproducente; il tutto deve sembrare naturale, spontaneo. Se l'altra persona si accorge del vostro gioco, inevitabilmente di sentirà imitata, presa in giro, e per voi le cose si metteranno male.

Una volta instaurato il *rapport*, la fase successiva è quella della *guida*. La fase della *guida* permette di offrire finalmente al nostro interlocutore idee e visioni originali, ossia le nostre, con la certezza che il livello di empatia che avete instaurato lo spinga a considerarle degne di valutazione obbiettiva. Di fatto, l'applicazione della PNL come terapia si basa pesantemente sulla creazione preliminare del *rapport* tra il tecnico e il soggetto; in effetti, proprio su questo si basano molte critiche alla dottrina, dal momento che questa supposta empatia non è, di fatto, dimostrabile o misurabile in alcun modo.

Secondariamente, il concetto di *rapport* è stato da molti interpretato come un tentativo di mettere in atto tattiche manipolatorie. Qui non posso che sospendere il giudizio, limitandomi a far notare una volta di più che, a mio modo di vedere, non dovremmo giudicare la bontà dello strumento in base all'uso che se ne fa. Lo scopo dichiarato dell'empatia che si genera nel corso del *rapport* consiste nel predisporre l'ascoltatore a mettere da parte i pregiudizi e rendersi disponibile a valutare comportamenti maggiormente funzionali in riposta a determinate situazioni. Questo, naturalmente, non significa che qualche malintenzionato non possa provare a usare questa tecnica per il proprio tornaconto personale, come per qualsiasi altro tipo di strumento, ma si tratta del metro di giudizio corretto?

Capitolo 12
Dissociazione Visivo-Cinestetica

La *dissociazione visivo-cinestetica* è una interessante tecnica ideata niente meno che dal cofondatore Richard Bandler. Si tratta di una procedura che si è rivelata particolarmente efficace nel trattamento delle fobie e dello stress post traumatico. Può essere utilizzata da un tecnico, in ambito terapeutico, per i casi più gravi; in tale accezione, la tecnica è stata utilizzata con successo negli Stati Uniti, aiutando molti reduci della Guerra del Golfo a superare il trauma di quanto vissuto.

Si tratta peraltro di una tecnica che, più semplicemente, possiamo utilizzare in autonomia, a casa, per curare piccole fobie e ansie. Come dico sempre, se ritenete di avere realmente bisogno di aiuto, per prima cosa consultate un professionista, non tentate su voi stessi nessuna delle tecniche presentate in questo o in altri libri, del medesimo autore o di autori diversi.

Vediamo come utilizzare in autonomia la variante semplificata di questa tecnica.

Il punto principale sta nel visualizzare la propria paura ponendo noi stessi in posizione, esterna, privilegiata, come se stessimo guardando un film. Supponiamo che, da piccoli, siamo scesi in cantina da soli e, mentre camminavamo, un grosso ragno ci sia caduto su una spalla, spaventandoci a morte e creando quella che, nel tempo è diventata una vera e propria aracnofobia. Come applichiamo la *dissociazione visivo-cinestetica* per provare a superare la paura?

- Troviamo un momento tutto per noi, in un angolo tranquillo della casa. Chiudiamo gli occhi, rilassiamoci e cerchiamo di immaginare di essere al cinema.
- Focalizziamoci sul fatto di essere estranei alla scena, dei meri spettatori. Tutto ciò che accade sullo schermo non può toccarci.
- Sullo schermo viene proiettata in bianco e nero la scena che abbiamo vissuto; noi che apriamo la porta della cantina, scendiamo le scale, camminiamo in corridoio, il ragno che ci colpisce, noi che sobbalziamo terrorizzati, noi che corriamo lungo le scale, e finalmente noi al sicuro, ansimanti, a casa, nella nostra stanza. Cerchiamo di aggiungere più passaggi alla scena, come se stessimo montando diverse scene per produrre un cortometraggio, per creare una serie di tappe.
- Quando la sequenza è ben chiara, svolgiamo il seguente esercizio: rivediamo la sequenza di scene, ma in ordine inverso, dall'ultima alla prima, a velocità aumentata, come una sorte di replay.
- Ripetiamo l'esercizio, immaginando di aggiungere dettagli buffi, e una musichetta divertente come sottofondo; prendiamo spunto fai cartoni animati, o dai vecchi film muti.
- La scena a questo punto ha perso di drammaticità; siete gli spettatori di una comica in bianco e nero, dove i protagonisti (voi) si muovono rapidamente, in modo ridicolo. È il momento di rallentare la velocità di esecuzione, più e più volte, fino a visualizzare le scene in ordine invertito e arricchite di particolari buffi, ma a velocità normale.
- A questo punto, proviamo a rivedere nella nostra mente la scena originale, a velocità normale, nella sequenza corretta, dall'inizio alla fine; facciamolo più volte, gradualmente passando da spettatore a protagonista; cerchiamo di percepire la differenza nelle nostre emozioni rispetto a prima; dovremmo vivere il tutto in modo maggiormente distaccato e consapevole.
- Ripetere l'esercizio finché, poco alla volta, ci rendiamo conto che la nostra fobia svanisce.

Ho volontariamente presentato una versione casalinga di questo tipo di tecnica, basata sull'introduzione dell'elemento ridicolo. Come ho premesso, questo tipo di applicazione ha senso unicamente se desideriamo provare, in autonomia, a combattere qualche piccola fobia che ci infastidisce. I traumi seri richiedono un procedimento differente e l'assistenza di personale qualificato.

Un'ultima osservazione; sono sicuro che vi siete accorti che, una volta di più, si tratta di una tecnica che fa grande uso delle rappresentazioni *visive*. Pare proprio che i *soggetti visivi* abbiano una marcia in più, quando si tratti di applicare questo tipo di strategie. I *soggetti auditivi* e *cinestetici* non ne sono esclusi, assolutamente; hanno solo bisogno di più tempo e di maggiore perseveranza.

Capitolo 13
Six Step Reframe

Sigmund Freud per primo, nel 1923, introducendo i concetti di *Io*, *Es* e *Super-Io*, ha postulato una concezione del cervello umano come entità costituita da più componenti, ciascuna con le proprie peculiarità ed esigenze; in apertura di questo volume abbiamo sostanzialmente ribadito il concetto, distinguendo tra *conscio*, *inconscio* e *subconscio*.

Qualcosa di simile, più tardi, nel 1962, è stato proposto dal neuroscienziato statunitense Paul MacLean. MacLean, nella sua teoria del *cervello trino*, ha nuovamente suddiviso il cervello umano in tre parti; in questo caso però, le tre parti sono state legate a differenti periodi evolutivi della razza umana. La prima parte, denominata *neocorteccia*, è legata all'ultima parte dello sviluppo umano, quella dei primati, ed è sede della razionalità e del linguaggio. La seconda, il *cervello limbico*, si riferisce ad un periodo precedente, e comprende i sentimenti, l'istinto di conservazione e i cinque sensi. Infine, la componente più primitiva, denominata *cervello rettiliano*, risalente, per l'appunto, all'era dei grandi rettili, comprende le pulsioni più istintive, quali la paura, l'aggressività, gli istinti sessuali.

Sia MacLean che Freud hanno espresso l'importanza di conservare un certo accordo di base tra le varie componenti che costituiscono la mente umana. In mancanza di tale accordo, le varie parti possono discordare tra loro, andando a generare reazioni disfunzionali. Qualcosa di analogo è stato suggerito anche dai fondatori della PNL, Bandler e Grinder, portandoli a mettere a punto la tecnica del *six step reframe*, o *ristrutturazione in sei passi*, per l'appunto basandosi sul concetto secondo il quale, quando mettiamo in atto in comportamento disfunzionale, le responsabilità è solo di una parte del nostro cervello.

La premessa fondamentale sta proprio in questo; riuscire a riconoscere e fare propria una rappresentazione del nostro cervello come entità costituita da vari attori che possono comunicare tra loro, e ai quali possiamo rivolgerci direttamente. Altrettanto importante è evitare di colpevolizzare noi stessi, dal momento che solo una parte della nostra mente si può ritenere responsabile di un determinato comportamento. D'altra parte, nemmeno questa parte di noi è strettamente colpevole, dal momento che le sue intenzioni sono invariabilmente buone, e consistono nel tentativo di soddisfare un bisogno del quale la mente consapevole non è esattamente al corrente.

Scopo di questa tecnica è proprio quello di sedersi al un tavolo ideale con le parti che compongono la nostra mente e gestire una sorta di trattativa, in modo tale da raggiungere un compromesso che risulti accettabile per tutti, di fatto andando a estirpare il comportamento dannoso.

Vediamo in dettaglio i sei passi successivi che hanno dato il nome a questa peculiare strategia.

• Identificare innanzitutto il comportamento disfunzionale che vogliamo estirpare. Se questa tecnica viene eseguita da un terapeuta, naturalmente il presupposto è che sia stata stabilita quella empatia preliminare che abbiamo chiamato *rapport*. Vogliamo capire con precisione quale sia lo stimolo che determina quella particolare reazione, in modo da ampliare la mappa del soggetto e suggerire reazioni alternative.

• Rivolgersi alla parte responsabile del comportamento da estirpare, chiedendo se sia disponibile al dialogo. Se riceviamo una risposta negativa, cerchiamo di rassicurare la parte responsabile; non si trova in stato di accusa, il nostro intento è puramente esplorativo, nel comune interesse.

• Chiedere alla parte in causa quale sia l'intenzione che scatena il comportamento in esame. È fondamentale, come abbiamo detto, presupporre che l'intenzione di base sia sempre buona. Se la parte avesse difficoltà a rispondere, potremmo provare a suggerire delle ipotesi, per sbloccare la situazione.

- Una volta ottenuta una risposta, cambiamo interlocutore, e rivolgiamoci direttamente alla parte creativa della nostra mente, chiediamo di escogitare almeno tra comportamenti alternativi e maggiormente funzionali, che siano al contempo in grado di soddisfare l'intenzione o esigenza evidenziata nella fase presedente. Se avessimo difficoltà ad ottenere una risposta, potremmo suggerire alla parte responsabile del comportamento di rivolgersi direttamente alla parte creativa, per permetterle di svolgere il proprio lavoro di produzione di alternative.

- Tornare alla parte responsabile e proporre i nuovi comportamenti alternativi; sarebbe disposta la parte responsabile a adottare uno dei comportamenti proposti? Se la risposta è affermativa, ringraziare e proseguire verso l'ultima fase. Se la risposta è incerta, possiamo stabilire di concedere del tempo per la risposta e riprovare in seguito. Se la risposta è negativa, torniamo ad interloquire con la parte creativa della mente, chiedendo di generare altri comportamenti alternativi da proporre alla parte responsabile. In alternativa, è possibile chiedere direttamente alla parte responsabile se sia in grado di proporre essa stessa delle alternative accettabili.

- Effettuare una verifica finale. Rivolgersi a tutte le parti presenti e chiedere loro se siano disposte a adottare il comportamento alternativo proposto, e se lo ritengano idoneo per soddisfare l'esigenza originaria, rispettando al contempo l'ecosistema in cui siamo immersi come persona. Se la risposta è affermativa, possiamo ringraziare tutti e goderci i risultati. In caso negativo, possiamo tornare alle prima fasi, indagando sulle obiezioni mosse e assicurandoci della volontà di cooperare da parte di tutte le parti implicate.

Potrebbe sembrare che l'ultima fase sia qualcosa di superfluo. In effetti, abbiamo già ottenuto il consenso, perché chiedere una ulteriore conferma? In realtà, si tratta di una fase importante, nella quale cerchiamo di stabilire delle connessioni, dei canali di comunicazione, tra le parti consce e inconsce della nostra mente.

Probabilmente, la difficoltà maggiore nell'applicazione di questa tecnica sta nell'abilità di immedesimarsi (o di far immedesimare, se il tecnico siamo noi) nella metafora proposta. Non è immediato riuscire a rivolgersi alle parti che idealmente compongono la nostra mente come se fossero persone reali; persone che, tra l'altro, potrebbero mostrare una certa litigiosità o indisponibilità al dialogo, ma è ciò che dobbiamo essere disposti a tentare, se volgiamo verificare di persona l'effettiva efficacia del processo.

In questo caso, l'appartenere alle categorie *visiva*, *auditiva* o *cinestetica* potrebbe fornire uno spunto su quali accortezze applicare per massimizzare l'efficacia della visione: un *soggetto visivo* potrebbe immaginare un tavolo attorno al quale sono sedute varie persone che discutono; un *soggetto auditivo* potrebbe concentrarsi sulla voce delle varie parti in causa, un *soggetto cinestetico* potrebbe basarsi su sensazioni tattili come stringere la mano dei vari attori implicati, e via discorrendo.

Capitolo 14
Critiche alla PNL

Quando parliamo di critiche alla dottrina della *programmazione neuro-linguistica*, la prima parola che viene in mente è: *pseudoscienza*. Con l'utilizzo di questo termine denigratorio, i critici intendono affermare che la PNL presenta teorie e tecniche che non hanno fondamento scientifico, essendo nel migliore dei casi delle mere ipotesi, e che non esistono prove scientifica a sostegno.

In effetti, gli stessi fondatori, Bandler e Grinder, non sono mai stati in grado di fornire dati e risultati a supporto delle loro idee. La loro dottrina è stata spesso accusata di superficialità e di arbitrarietà.

Soprattutto, si ritiene che la PNL non si basi sullo studio dei fatti scientifici generalmente accettati, presenti all'interno della vasta letteratura psicologica esistente. Addirittura, il professor Michael Corballis, dell'Università di Auckland, ha sostanzialmente dichiarato che la PNL, già a partire dal nome, utilizzi termini pseudoscientifici per cercare di acquisire un'aura di rispettabilità, ma sia sostanzialmente poco di più che un grosso inganno.

Per restare in Italia, il CICAP (Comitato Italiano Controllo Affermazioni sulla Pseudoscienza) afferma che un primo problema della PNL consiste nella non esistenza di una unica versione della dottrina, e che a seconda di chi ne scrive, il suo funzionamento e i meccanismi che ne starebbero alla base possano variare in modo significativo. Fa inoltre rilevare come i concetti base su cui la dottrina è fondata sono totalmente sconosciuti negli ambienti accademici, e non esistono pubblicazioni ufficiali che ne legittimino la veridicità.

Un'altra critica mossa alla PNL, dovuta probabilmente al modo in cui a volte viene presentata, è che si tratti di una dottrina il cui scopo è di leggere la mente altrui e di manipolare le persone per il proprio tornaconto. Questo è, in effetti opinabile. Ho detto e ripetuto che qualsiasi strumento, anche il più utile, possa essere utilizzato in modo improprio e pericoloso. Del resto, fin da subito, il termine "programmazione" a molti non è piaciuto, perché è stato considerato un sinonimo di "manipolazione", oltre a richiamare alla mente un concetto di essere umano come macchina da riprogrammare. Questo nonostante i tentativi dei fondatori della disciplina che hanno in tutti i modi cercato di chiarire come la programmazione fosse più che altro intesa come rivolta verso sé stessi, con l'intento di migliorare le nostre capacità relazionali, più che verso le altre persone, con l'intento di manipolarne i sentimenti.

Una critica particolarmente dura e dettagliata è arrivata, nel 1995, da parte del Counselling Psychology Review, che in sostanza ha dichiarato che non esistono risultati scientificamente verificabili che permettano di affermare che le tecniche utilizzate in PNL abbiamo reale efficacia; in particolare viene fortemente criticata l'idea che sia possibile interpretare il sistema di credenze di una persona in base ai suoi comportamenti esterni, e che il concetto di empatia tra terapeuta e paziente sia qualcosa che non è misurabile, oltre a non dare la minima garanzia di successo della terapia applicata.

Il fatto che la PNL, al di là delle intenzioni dei fondatori, sia poi stata accostata ad ambienti più o meno esoterici, non ha certo giovato alla credibilità di una dottrina dallo stato già così incerto.

Nonostante tutto, l'interesse per la PNL si è mantenuto alto nel tempo. È sufficiente che proviate a cercare su internet; toccherete con mano che sono parecchie le associazioni che offrono corsi più o meno professionali, anche in Italia, nonostante la qualifica di *tecnico* della PNL non abbia, con pochissime eccezioni, alcun valore in alcuna parte del mondo.

Riesco a spiegare questo immutato interesse per le teorie descritte in questo manuale solo in un modo: pur non essendo la PNL una dottrina ufficialmente riconosciuta, pur non essendo stato in grado alcuno dei suoi praticanti di produrre risultati scientificamente accettabili, non esistono neanche prove certe che le tecniche in essa comprese siano inefficaci. E se lo fossero anche in minima parte, varrebbe assolutamente la pena di approfondirle, dato il carattere rivoluzionario che le contraddistingue e i risultati mirabolanti che promettono.

A voi il giudizio.

Conclusione

La PNL è innegabilmente una disciplina controversa. Il suo stato di *pseudoscienza* la rende sospetta a molti, ma ciò non toglie che racchiuda al suo interno molti concetti decisamente affascinanti. Lo scopo di questo manuale è proprio quello di generare nel lettore interesse, di stuzzicarne la curiosità e spingerlo a documentarsi ulteriormente, a partire naturalmente dalla lettura delle opere degli psicologi che hanno di fatto dato vita a questa corrente di pensiero.

Personalmente, preferisco non esprimere opinioni personali. Al contrario, credo che una esposizione obbiettiva del campo di applicazione della PNL e delle principali tecniche utilizzate per raggiungere i suoi obbiettivi sia il modo migliore per permettere al lettore di farsi una propria idea, di decidere se approfondire lo studio, magari addirittura di iscriversi ad uno dei numerosi corsi tenuti anche nel nostro paese o, al contrario, di accontentarsi di questa infarinatura e cercare altrove qualcosa di maggiormente convincente o adatto alla sue esigenze personali.

In questo volume, dopo una rapida occhiata a quale sia stata la fortuna alterna di questa disciplina, e a quali siano stati i suoi esponenti più illustri, ho cercato di presentare concetti generali di psicologia, come la distinzione tra mente conscia e inconscia, per poi presentare le basi della PNL vera e propria, ossia i concetti di *mappa*, *metamodello* e *violazione*.

Abbiamo introdotto una interessante parentesi presentando alcuni aspetti legati al linguaggio del corpo, ossia alla comunicazione non verbale, e a come sia possibile individuare una persona che mente mettendo insieme una serie di indizi.

Infine, sono state esposte le principali e più diffuse tecniche usate dai praticanti di PNL, illustrando come possano risultare utili per convincere altre persone, oppure per migliorare la qualità della nostra vita. Tecniche come lo *swish*, l'*ancoraggio*, e il *body mirroring* spalancano la porta su un universo di nuove modalità di rapportarsi con le altre persone. Indipendentemente dalle nostre convinzioni, credo sia onesto ammettere che si tratta di teorie a dir poco affascinanti.

Rinnovo la raccomandazione di utilizzare questo manuale per lo scopo che in effetti si prefigge: quello divulgativo. Chi intende praticare la PNL, farebbe bene a rivolgersi ad un professionista preparato. Sconsiglio assolutamente l'utilizzo di qualsiasi tecnica persuasiva sugli altri o su sé stessi, se non si è completamente consapevoli e padroni di ciò che state praticando. La psicologia non è un gioco, e in questo campo essere imprudenti non è senza conseguenze.

Infine, auguro a tutti voi di aver trovato nella lettura spunti interessanti, e che quanto letto possa esservi di aiuto per raggiungere gli obbiettivi che vi siete posti e vivere una vita serena e felice. Grazie per il vostro tempo.